沙漠化とその対策
乾燥地帯の環境問題

赤木祥彦

東京大学出版会

本書は財団法人日本生命財団の出版助成を得て刊行された.

Desertification and Its Management:
Environmental Problems of Arid Regions
Yoshihiko Akagi
University of Tokyo Press, 2005
ISBN4-13-066706-8

まえがき

　本書の目的は，沙漠化とその対策について概説することにある．
　「沙漠化」という用語が広く使用されるようになってから20数年たつが，この用語が正確に使用されてきたとは，必ずしも言えない．間違った説明，不適切な説明がなされている教科書が多く見られるのも，その一例である．
　沙漠化がどのような現象なのか，どこで発生しているのか正確に理解されてこなかった原因は少なからずあるが，最初の原因は国連環境計画（UNEP；United Nations Envionment Progamme）の主催により，1977年にケニアのナイロビで開催された「国連沙漠化会議」にある．この会議は沙漠化の定義を決めずに開催され，会議中にも決められなかった．沙漠化はこの会議が開催されたことにより，世界的に広く知られるようになったのであるが，定義がなされなかったため「沙漠化（desertification）」の用語を使用する人達の間で，この用語が意味する現象にずれが生じた．しかし，専門家の間では次第にこの沙漠化会議に提出された「世界の沙漠化分布図」の説明書による定義「沙漠化は沙漠的状態の深化または拡大である．すなわち，植物群総量（plant biomass）・家畜のための土地の生産量・農作物生産及び人間の安寧の減少をもたらす生物生産性の減退を引き起こす過程（process）である」か，これと類似した現象と理解されるようになった．ところが，「沙漠化」が広く使用されるようになるにつれて「的状態」が抜けて，土地の過剰な使用や干ばつのため「沙漠になってしまう」と説明した文献も多くみられるようになった．また，沙漠化が発生する範囲が限定されていなかったためにこちらも拡大されて，湿潤地域の森林破壊等環境破壊と同様な意味に使用されるようにもなった．このような混乱を防ぐため，国際連合は1992年の「地球サミット」で「沙漠化は乾燥・半乾燥・乾燥亜湿潤地域における，気候変動と人間活動を含む多様な要因による土地の劣化である」と定義して，定義に起因する混乱をおさめたが，相変わらずこの定義に基づかずに沙漠化

を説明している文献が多くみられる．

　定義とともに沙漠化の説明の曖昧さをもたらした原因は，どの程度土地が変化すると「沙漠的状態」あるいは「劣化」なのか，についての充分なコンセンサスがなかったこと，どこでどれだけの面積が沙漠化しているのか，その数値が UNEP が公表している資料でも曖昧なことである．そのため，1990 年代に「沙漠化神話論争」もおきている．確かに，現在では沙漠化の程度を客観的に定量化し，世界的あるいは大陸別での沙漠化を数値で正確に説明するまでには至っていない．しかし，ある地域での沙漠化の具体的な調査報告は数多くあり，沙漠化が広い範囲にわたって深刻な被害をもたらしていることに疑いの余地はない．

　本書ではまず，沙漠化が進行している乾燥地帯の範囲とその成因を説明したのち，沙漠化の定義・沙漠化の指標と被害面積について提起された見解を整理する．その後，沙漠化の原因を素因＝間接的な原因と，誘因＝直接的な原因に分け，主な素因である干ばつ・人口過剰・経済と政治政策の失敗，主な誘因である過伐採・過放牧・過耕作・過灌漑がもたらす土地の劣化過程とそれに対する対策を具体例をあげながら説明する．

　常用漢字では「さばく」には「砂漠」が使用されている．「砂漠」も「沙漠」も本来の意味は「すなさばく」であり，desert を意味する漢字は「荒漠」であるが，日本では使用されていないので，本書では「すなさばく」のイメージが弱い「沙漠」を使用する．

　　2004 年 10 月

　　　　　　　　　　　　　　　　　　　　　　　　　　　　著　者

目次

第 I 編　沙漠化とは

1　沙漠化が進行している地域 … 2
(1)　沙漠化と乾燥地帯　2
(2)　乾燥地帯と沙漠　3
(3)　乾燥地帯の成因　8

2　沙漠化の定義の変遷 … 10

3　土地の劣化とは … 12

4　「沙漠化」の曖昧さ … 18
(1)　地表面がどの程度劣化すると沙漠化したと判断するのか　18
(2)　1984 年に報告された沙漠化防止行動計画（PACD）による実態調査　21
(3)　1984 年の PACD の実態調査に対する評価　25
(4)　国連の調査による沙漠化の実態　27

第 II 編　沙漠化の原因と対策

第 1 部　沙漠化の素因

1　干ばつ … 34
(1)　干ばつの定義　34
(2)　20 世紀における主な干ばつ　35
　■ザンビアにおける 1991～1992 年の干ばつ被害　36
　■ブルキナファソ北部における干ばつをきっかけとした沙漠化　40

2　人口過剰 … 45
(1)　人口動態　46
(2)　サヘルにおける人口の急増　47
　■インド，ラジャスタン州における人口の急増と沙漠化　53

3　経済・政治政策の失敗 ……………………………………………………………57
　(1)　アフリカ諸国での政策の失敗　58
　　　　■スーダンにおける商品作物の導入による沙漠化　60
　(2)　中央集権的政策の失敗　62
　　　　■中国政府の移住政策による内モンゴルでの沙漠化　64
　(3)　アメリカ合衆国南西部における水対策の失敗　69

第2部　沙漠化の誘因

4　過伐採 …………………………………………………………………………71
　(1)　アフリカにおける過伐採　73
　(2)　アフリカにおける過伐採対策　76
　　　　■ザンビア中央部，ムヤマ保安林における過伐採　78
　　　　■インド，ラジャスタン州における植林活動　82
5　過放牧 …………………………………………………………………………86
　(1)　牧畜の諸形態　86
　(2)　伝統的牧畜　86
　(3)　伝統的牧畜地域の沙漠化　89
　(4)　伝統的牧畜による沙漠化に対応した対策　95
　　　　■内モンゴル，イミン・ソムにおける放牧地の沙漠化　98
　　　　■沙漠化を回避する放牧方法—ケニア，東ポコト族の場合　104
　(5)　企業的牧畜の沙漠化　107
　(6)　企業的牧畜による沙漠化に対応した対策　110
6　過耕作 …………………………………………………………………………113
　(1)　自給的農業　113
　(2)　自給的農業地域の沙漠化　114
　　　　■ニジェール，ニアメイ付近の固定砂丘地帯における沙漠化　117
　　　　■セネガル北部，ルーガ地域における沙漠化の回復　120
　(3)　企業的穀物農業　122
　(4)　企業的穀物農業地域の沙漠化　125
7　表層細粒物の移動 ……………………………………………………………127
　(1)　水食作用　128

- (2) 水食対策　133
  - ■インド，ヤムナ川流域でのガリ地形の改善　137
- (3) 風食作用　139
- (4) 風食対策　147
- (5) 砂丘の移動　148
  - ■ナイジェリア北東部における固定砂丘の砂の移動　153
- (6) 移動砂丘対策　156
  - ■スーダン，エドデーバ周辺の農村で行われた砂防事業　157
  - ■中国における再移動砂丘の固定　159

8　塩害　164

- (1) 塩類が農作物の生育を妨げる原因　164
- (2) 乾燥地帯の土壌に塩類が多く含まれている原因　165
- (3) 乾燥地帯で得られる水　165
- (4) 乾燥地帯で塩害が発生しやすい原因　168
- (5) 塩害を受けた灌漑耕地の面積　169
- (6) 塩害対策　171
  - ■エジプト，ブハイラ県における塩害　175

第Ⅲ編　まとめ

- (1) 1992年の地球サミットでの沙漠化への対応　180
- (2) 地球サミット以降10年間の沙漠化状況　180
- (3) 沙漠化対処条約の概要　182
- (4) 沙漠化に対する今後の対応　183

引用文献・主要参考文献　193
事項索引　201
地名索引　207

第Ⅰ編 沙漠化とは

1 沙漠化が進行している地域

(1) 沙漠化と乾燥地帯[注1]

　1992年にブラジルのリオデジャネイロで開催された「地球サミット」で，沙漠化の定義が「沙漠化は，乾燥・半乾燥・乾燥亜湿潤地域における，気候変動と人間活動を含む多様な要因による土地の劣化である」と規定された．なお，日本ではあまりなじみのない「超乾燥地域」では，沙漠化は生じないと規定されていることに注意する必要がある．以下乾燥地帯の範囲とその決め方を説明する．

　日本の中学・高校の教科書ではすべてケッペン（Köppen）の気候区分図が採用され，沙漠とステップの範囲が「乾燥地帯」であるが，この図が広く使用されているのは日本や韓国など一部の国だけであり，乾燥地帯について研究している人達はケッペンの気候区分図を使用しない．ケッペンは樹木が生えていないところを乾燥地帯とし，その範囲を $P \leq (t+a)20$ とした．P は年降水量，t は年平均気温，a は夏と冬の気温の違いを反映した蒸発量を修正する係数である．そのため，年降水量100 mm・年平均気温10°Cのところも，年降水量200 mm・年平均気温20°Cと同じ乾燥度となり，降水量と気温の相違による気候的特性が表現できないことが，研究者がケッペンの気候区分図を使用しない理由である．

　そのため乾燥地帯に関する研究者は，その場所の気候の特徴をできるだけ明確に表現できる指標と数値を検討してきた．現在主に使用されている乾燥

注1）　Meigs（1953）は乾燥気候の範囲を細分した図のタイトルを'Distribution of Arid Homoclimates'とし，この図の範囲を乾燥度により，Extremely arid, Arid, Semiarid に区分した（図1-1-1）．それぞれの範囲は図を見ればわかるが，文章で説明する場合，全域の Arid なのか，区分された中間の Arid なのか，区別がつかない．そのため，本書では，全域の Arid の範囲には「乾燥地帯」を，3区分された中間の Arid の範囲には「乾燥地域」を使用する．

地帯区分図は，1953年にユネスコの依頼でMeigs (1953)が作成した「乾燥等質気候区分図」(図1-1-1)と，ユネスコによる「乾燥気候区分図」(1979)を修正したUNEP (1992)の区分図(図1-1-2)である．ともに水収支(降水量と蒸発散量の関係)を指標としており，乾燥地帯の土地利用の違いを読み取れることが主要な目的となっている区分図である．両図はともによく使用されてきたが，Meigsの数式が少し複雑なこともあり，最近はUNEPの「乾燥地帯図」がしばしば使用されるようになっている．なお，Meigsの図では，乾燥地帯は「極乾燥(extremely arid)」，「乾燥(arid)」，「半乾燥(semiarid)」に三区分されており，面積はそれぞれ陸地の4％，15％，14.7％である．これに対し，UNEPの図は「超乾燥(hyperarid)」，「乾燥(arid)」「半乾燥(semiarid)」，「乾燥亜湿潤(dry subhumid)」に区分されており，面積はそれぞれ7.5％，12.1％，17.7％，10.0％である(写真1-1-1，2，3，4)．

Meigsの図の区分方法は少し複雑なので，その説明は気候学の教科書にゆずり，UNEPの図の区分方法を説明する．Meigsの区分図でも使用されているが「蒸発散位」＝最大可能蒸発散量(水が十分あるとき大気中に出ていく水の量)を明らかにし，年降水量を年蒸発散位で割った数値で，表1-1-1のように区分している．

(2) 乾燥地帯と沙漠

日本人には「乾燥地帯」よりも「沙漠」の方がなじみのある用語である．しかし乾燥地帯の研究者は「沙漠」をほとんど使用しないので，その理由と乾燥地帯と沙漠の関係を簡単に説明しておく．

沙漠の定性的定義は「降水量が少ないため植物が生えていないか，まばらなところ」である．

この定義で常識的には特に問題はないが，具体的に沙漠について検討しようとすると，その範囲が決まらない．「まばらな」は主観的であるから，各人によってその範囲が異なるからである．そのため年平均降水量で決めると，客観的に沙漠の範囲が決まる．夏高温となる沙漠では，年平均降水量10インチ(254 mm)までのところとするのが一般的である．しかし，100 mm以

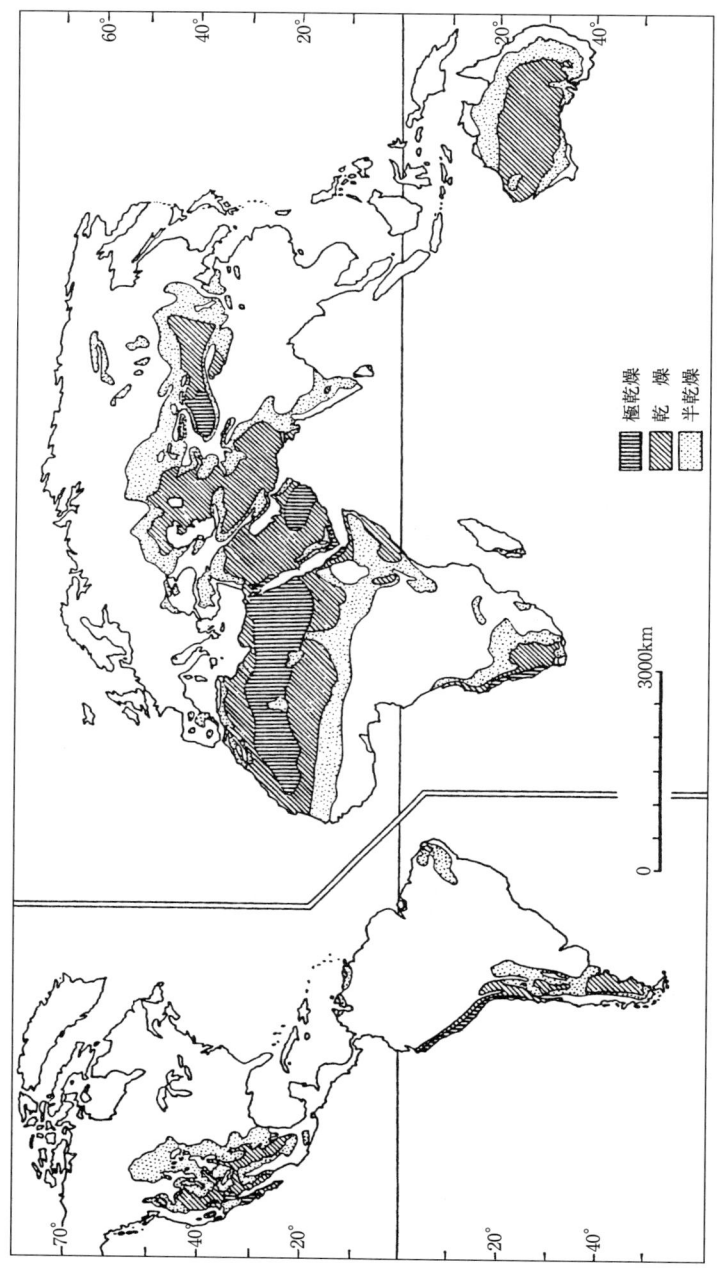

図1-1-1 Meigsの乾燥等質気候分布図（赤木，1990）

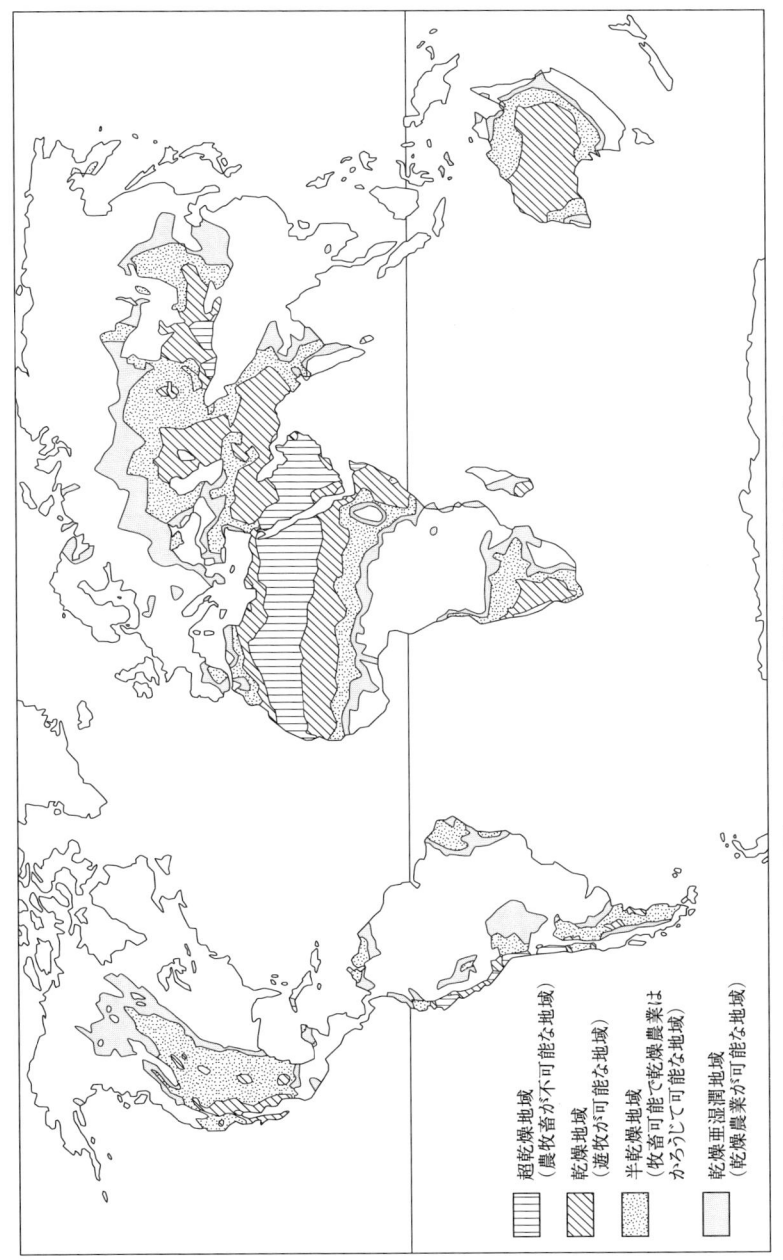

図 1-1-2 UNEP の乾燥気候分布図 (赤木, 1998)

1 沙漠化が進行している地域—5

写真1-1-1　超乾燥地域—アタカマ沙漠中央部，年平均降水量約5 mm

写真1-1-2　年平均降水量約100 mmの乾燥地域—アリゾナ州南西部

内とする研究者もいるし，反対に約500 mm（後述の半乾燥地域を含める）とする研究者もいて，降水量で決めると研究者によって沙漠の範囲が異なってくる．また，地表の植生の状態は降水だけでは決まらず，気温も関係しているので，モンゴルなどの高緯度地方では約150 mmまでが沙漠となっている．以上のように降水量によっても，誰もが同意できる沙漠の範囲は決ま

写真 1-1-3　年平均降水量約 200 mm の乾燥地域—オーストラリア沙漠中央部

写真 1-1-4　半乾燥地域—カメルーン北部のワザ国立公園，年平均降水量約 600 mm

らないので，客観的な指標を決めて，これを使用して乾燥度の区分を決め，必要に応じて特定の範囲の乾燥度のところを沙漠としている．

　世界の沙漠の自然について研究していた代表的な研究者が，"Desert of the World" を 1968 年に刊行した（McGinnies *et al.*, 1968）．この著書で，そ

表 1-1-1　UNEP（1992）による乾燥地帯区分（赤木，1997）

乾燥区分	年降水量/年蒸発散位	可能な土地利用	年降水量（mm）	年降水量の年変動度（%）	陸地に占める面積（%）
超乾燥	<0.05	限られたところ以外人間の活動は不可能	<約100	>100	7.5
乾燥	0.05〜0.20	牧畜は可能．しかし移動しない場合，地下水が利用できない場合，気候変動の影響を受けやすい	冬雨地域は約100〜200 夏雨地域は約100〜300	50〜100	12.1
半乾燥	0.20〜0.50	安定した牧畜が可能．農業も可能だが，降水量が少ないときには被害を受ける	冬雨地域は約200〜500 夏雨地域は約300〜800	20〜50	17.7
乾燥亜湿潤	0.50〜0.65	安定した天水農業が可能	記載なし	<25	10.0

れまでばらばらであった世界の沙漠名を統一するとともに，Meigs の乾燥気候区分のうち，極乾燥と乾燥を沙漠とすることにしている（赤木，1997）．その後刊行された UNEP（1992）の乾燥気候区分図では，超乾燥と乾燥を加えた面積が Meigs の区分図の沙漠の面積とほぼ一致しているので，UNEP の図を使用する場合，この両地域を合わせた範囲を沙漠とすべきであろう．

(3) 乾燥地帯の成因

降水量が少ないことが乾燥地帯の成因であるが，降水が少ない原因としては，次の4つが挙げられる．

1) **亜熱帯高圧帯**　熱帯で発生した上昇気流は上昇するにつれて気温が低下するため，水分を放出したのち，亜熱帯付近で下降気流となる．この乾燥した気流は下降するにつれて，断熱圧縮のため気温が上昇する．そのため，下降するにつれて相対湿度が低下し，降水はみられず，地表では乾燥した大気になる．この乾燥した大気により赤道をへだてて15〜35度付近が乾燥地帯となっている（亜熱帯沙漠）．

2) **沖合いを流れる寒流の影響**　大陸の西岸に沿っては，高緯度側から赤道方向に向かって寒流が流れているが，亜熱帯に位置するところでコリオリ

の働きにより，深部を流れているさらに冷却された寒流が湧昇している．そのため，この付近の海上の空気は寒流により強く冷却されている．その結果，標高 600～700 m のところに気温の逆転層が形成される．重い空気が下層にあるので上昇気流がおこらず，湿度が非常に高いのにもかかわらず降雨は非常に稀にしかみられない．また，寒流の影響により他の乾燥地帯とは異なり，高温とならず気温が 40°C を超えることはなく，夏・冬，昼間・夜間の間の気温変化も非常に小さい（冷涼海岸沙漠）．

3) **雨陰による乾燥地帯** 大気が山脈を越えるとき，上昇するにつれて気温が低下し風上側に降水をもたらす．これが地形性降雨である．そして大気が山脈を越えると乾いた風が吹きおろしてくる．しかも，湿潤な大気の断熱による温度変化は比高 1000 m 当り約 6°C であるのに対し，乾燥した大気は約 10°C である．そのため，山脈の風下側では高温で乾燥した風が吹きおろしてくるので，偏東風（貿易風）や偏西風など，恒常風が吹くところの風下側は乾燥地帯となる（雨陰沙漠）．

4) **大陸内部** 降水のほとんどの水源は海洋であるから，海洋からの風が地面で熱せられ上昇気流が発生して水分を失うと，陸上では水分はほとんど再補給できない．そのため大陸の内部には乾燥地帯が形成されている（大陸内部沙漠）．

2　沙漠化の定義の変遷

　「沙漠化」の用語を最初に使用したのは，熱帯雨林の研究者であるフランス人 Aubréville (1949) である (Verstraete, 1986)．Verstraete (1986) によると，Aubréville は，アフリカの熱帯・亜熱帯林が不適切な森林伐採や焼畑耕作のため，森林破壊や土壌侵食がすすみ，サバンナへと変化していく現象をサバニゼーション (savanisation) と呼んだ．さらに，それらの現象がすすみ，著しい土壌侵食や土壌の物理的・化学的変化により乾性植物の侵入をもたらした極端なサバニゼーションに対して，'désertification' を使用したのである．熱帯雨林と沙漠は，サバンナとステップを挟みあまりにも離れすぎているので，筆者は 'désert' のもう1つの意味である「荒廃化」の意味で désertification が使用されたのではないかと推定もしてみたが，この推定は筆者一人であり，世界的には「沙漠化」と受け取られている．

　沙漠化が世界的に注目されるようになったのは，1960 年代末から 1970 年代にかけて発生した干ばつをきっかけとして，サヘルが著しい打撃を受けたために，UNEP が 1977 年にケニアのナイロビで国連沙漠化会議を開催してからである．ところが，この沙漠化会議は沙漠化の定義が正式になされないまま開催された．このことがその後，「沙漠化」が多様な意味に使用される大きな原因となった．Barrow (1991) などは「沙漠化の定義は 100 以上ある」と述べている．そのため UNEP は，1992 年にリオデジャネイロで開催される「地球サミット」のために，世界を代表する沙漠化研究者に沙漠化の定義を決定するように依頼した．彼らは長期間この問題を検討し，1991 年下記のように沙漠化の定義をまとめた (Dregne *et al*., 1991)．

　「沙漠化は，乾燥・半乾燥・乾燥亜湿潤地域における，主に不適切な (adverse) 人間のインパクトによる土地の劣化である」

　この定義で，「土地」とは土壌・局地的な水資源・地表面・自然植生あるいは作物を含む．「劣化」とは，土地に働きかける1つあるいは複合した作

用により，資源の潜在性が減少することを意味する．これらの作用は，流水による侵食，風による侵食，流水と風による堆積，自然植生の総量あるいは多様性の長期間にわたる減少，あるいは適地での作物の減少，土壌の塩性化とアルカリ化が含まれる，と説明されている．

1977年の国連沙漠化会議で使用された「沙漠化」の定義では，沙漠化が発生する範囲を決めていなかったことも，この用語の使用に混乱が生じた一因になったため，新しく「沙漠化」の定義を決める1991年の会議では，沙漠化が発生する地域を前述の表1-1-1に示した乾燥・半乾燥・乾燥亜湿潤地域に限定した．超乾燥地域は乾燥しすぎているため，オアシスなど特別な地域でないと生活ができないので，沙漠化は発生しない地域としている．

この沙漠化の定義に関する会議で大きく意見が分かれた問題に，干ばつを沙漠化の原因とするか否かの問題があった．沙漠化が世界的に注目を集めた原因は，上記のように1960年代末から1970年代にかけて発生した干ばつによるサヘル地帯の疲へいであった．しかし，干ばつを沙漠化の原因としない研究者の見解は，沙漠化が発生する地域は数年あるいは10年ほどの間隔で干ばつが発生する気候条件のところであり，そこで生活してきた人達はそのような気候条件に適応して生活してきた．ところが干ばつが終わり，降水量が元にもどっても生活が回復しないのは人口増加などにより，土地を疲へいさせていたことが原因であるとし，だから干ばつは沙漠化の原因ではなく，人間の過度な土地利用が原因であると主張したのである．結局専門家会議が決定した沙漠化の定義では，上に述べたように，「沙漠化は，乾燥・半乾燥・乾燥亜湿潤地域における，主に不適切な(adverse)人間のインパクトによる土地の劣化である」と決定された．しかし，翌年の地球サミットでは，

「乾燥・半乾燥・乾燥亜湿潤地域における，気候変動と人間活動を含む多様な要因による土地の劣化である」

と変更された．地球サミットは，専門家の会議ではなく政治家・行政家の会議であるから，沙漠化の原因が多いほど都合がよい国が多数をしめたということであろう．

3 土地の劣化とは

　地球サミットは以上のように沙漠化を「土地の劣化」と定義し，土地の劣化についてさらに説明しているが，劣化によって土地がどのような状態になったのか具体的に理解しにくいので，いま少し具体的に土地の劣化について説明することにする．

　沙漠化で具体的に取り上げられている土地は，地表面部分を構成する土壌・砂・水分などある深さまでの部分の物質，その土地を被覆する植生を含んでおり，人間生活に関連したすべてのものである．土地の劣化は具体的には，1) 樹木の減少と消滅，2) 牧草の減少と消滅，乾性植物の侵入，3) 土壌の減少と消滅，4) 土壌の固化，5) 観光客などによる地表面の破壊，6) 砂の移動と堆積，7) ダストストーム (dust storm)，8) 塩類の集積，9) ウォーターロッギング (waterlogging) などがあげられる．以下，これらの現象のうち，人間生活への影響が比較的大きなものについて簡単に説明する．

　1) **樹木の減少と消滅**　乾燥地域にはほとんど樹木は生えていないが，半乾燥地域には樹木がまばらながら生えており，降水量が増加するにつれて疎林となってくる．半乾燥地域では牧畜だけでなく降水による農耕も可能になってくるので，乾燥地域よりはるかに多くの人達が生活している．この地域での樹木の主要な利用目的は燃料であるが，かつては主に枯木を燃料としていたので，樹木の成長と消費のバランスがとれていた．しかし，人口の急増などでこのバランスが崩れてきた．乾燥地帯の樹木は成長が遅くて硬いため，火力の強い良質の燃料となる．日本のような温帯湿潤地域では樹木は20〜30年もすると成木となるが，乾燥地帯では成長が遅く，日本の樹木と同じ大きさに成長するには樹種によっては100年をこえる年月が必要であり，一度伐採すると再生には時間がかかる．

　また，樹木が減少すると日陰が少なくなって地表面が乾燥し，牧草の減少の原因にもなり，間接的には砂の移動，土壌侵食の原因にもなる（写真1-3-

写真 1-3-1　疎林の伐採—カメルーン北部

1)．

2)　**牧草の減少と消滅，牧畜飼料として不適切な植物の侵入**　草地は気候を反映してその気候条件に最も適した種類の草が優勢種となっており，家畜の飼料に適した草が優勢種のところが牧畜のさかんな地域となっている．ところが家畜の数の増加などの原因により，牧草の成長と消費のバランスが崩れ，牧草が減少してくると土地が乾燥し，植生は中性植物から乾性植物へと変化し，植物の種類も減少する．このように飼料としての植物の減少，飼料とならない植物の増加，さらには裸地の出現へと変化していく（写真 1-3-2）．

3)　**土壌，特に畑の地表部の肥沃な土壌の減少と消滅**　乾燥地帯の農法は湿潤地帯の農法とは異なり，乾燥からの土壌保護，より多くの収穫を目的とした特別な農法が行われている．耕作を 1 年行うと 1〜2 年休耕する，あるいは数年耕作して 10 数年休耕する休閑農法や，農地を深く耕作し，できるだけ雨水を沢山土壌中に保存する深耕農法などである．ところが，人口の増加等で休閑の期間を短くしたり，連作に転換すると土地が疲へいしてやせてきたり，干ばつなどが発生して農作物が十分成育しなかったりして休耕すると，地表の一番肥沃な土壌が風に吹き飛ばされたり，乾燥気候特有の豪雨で流失するようになる．

写真 1-3-2 過放牧がすすむと裸地が出現・拡大し，有刺植物等家畜が喰わない植物だけが残る―カメルーン北部

　また，より乾燥した放牧地が耕地化されると，降水量が少ない年には耕作が不能となり，裸地がさらされるため，地表の肥沃な土壌が風で運び去られてしまう．降水量が回復しても土地がやせているので粗放的な農業が行われたり，放棄されて裸地が出現する．裸地が出現すると，乾燥地帯の降雨はたまにしか降らないが，しばしば自動車でも流すほどの豪雨になるため，ガリが急速に発達し荒地になってしまう．

　4) **土壌の固化**　土壌は豪雨により裸地が打たれたり，大規模な家畜の群れに踏みつけられたりして固化するが，特に規模の大きい固化はトラクターなどの農機具の使用によって生ずる．重い農機具が移動すると，土壌の特に基部が固められ，根や水の浸透が妨げられる．特に，粒子の小さい土壌のところで著しい．土壌が固化すると地表を流れる水の速度が速くなり，植物や農作物の成長に悪影響を与える．

　5) **観光客などによる地表面の破壊**　モンゴルのチンギスハーン関連遺跡やオーストラリア沙漠中央部のエアーズロックなどは，草原となっている乾燥地帯の代表的な観光地であり，多くの人々が訪れてくる．これらの観光客の中には四輪駆動車で訪れる者も多い．四輪駆動車は道のないところを自由に走ることができるが，土地や植物を著しく破壊しやすい．特にアフリカの広

写真 1-3-3 サハリ用四輪駆動車でできた「道」—ケニアの動物公園
しばしばガリへと変化し土壌侵食が進行する

い面積を占める野生動物公園では,観光用の自動車の数が多いため,その対策が重要な問題になっている(写真 1-3-3).

6) **砂の移動と堆積** 乾燥地帯は何回も乾・湿の気候変化を繰り返している.サヘル・中国の乾燥地帯・オーストラリア沙漠・タール沙漠などでは,降水量が少なく植生が生えていない時期には砂丘は移動していた.気候の湿潤化とともに植物が増加し,その植物により固定化した砂丘が非常に広い範囲を占めている.これらの固定砂丘のうち,降水などにより水が十分得られるところは耕地として,より乾燥した地域は放牧地として利用されてきた.ところが不適切な耕作や,砂丘を固定化している植物が不安定になるほど家畜を増やすと,乾燥地帯は温度差が大きく強風が吹きやすい地域のため,砂丘の頂部の砂が移動をし始め,移動した砂が砂丘を固定化している植物を埋め,最後には砂丘全体が移動するようになる(写真 1-3-4, 5).その結果,移動砂丘による被害は,放牧地や耕地だけでなくオアシス集落や道路,鉄道,石油掘削基地などにまで及び大きな被害を与える.

7) **ダストストーム**(dust storm) 乾燥地帯の表層堆積物にはシルトや粘土等の細粒物が多く含まれている.この細粒物は強風により遠方まで運ばれダストストームとなる.中国の黄土がよく知られている.直径 0.1 mm 程度までの砂は強風によっても吹き上げられるが,高度は 1 m 程度であるから,砂は大まかには地表面を移動していると考えても差し支えはなく,移動する範囲は広くはない.これに対して直径 0.02 mm 程度以下の細粒物はダスト

写真 1-3-4 タール沙漠の固定砂丘―ジョドプール西方
左側が固定砂丘,右側の平坦地が丘間低地

写真 1-3-5 過耕作のため移動をはじめた固定砂丘―ジョドプール西方のタール沙漠

ストームとなって広い範囲に堆積する．特にアラル海のような干上がった湖底堆積物には塩類が含まれているため,広い範囲に深刻な被害をもたらす．

　8) **耕地表面部への塩類の集積**　乾燥地帯の耕地の土壌には二重に塩類が集積しやすい構造になっている．湿潤地帯の土壌中の塩類は雨水によって洗脱されるが,乾燥地帯の土壌中の塩類は洗脱される機会がほとんどなく,土壌中に残留していることが多い．他方,乾燥地帯の地下水,特に被圧地下水は砂岩など硬い岩石の隙間を年間 1-2 m 程度のゆるやかな速度で移動して滞水層に溜まっているため,多かれ少なかれ塩類を含んでいる．

写真 1-3-6　塩類集積のため放棄された耕地―河西回廊の臨沢

　塩類を含んでいる土壌に塩類を含んでいる水が灌漑されると，灌漑用水は土壌中の塩類を溶かしながら土壌中をいったんは下方へ浸透する．しかし，地中に溜まった水は灌漑による下方への移動が止まると毛管現象により上昇し，水分はやがて蒸発し，塩類は地表や地表近くの土壌中に集積する（写真1-3-6）．植物の根が塩分を含んだ土壌中にのびると，強い浸透圧によって細胞中の水分が奪われ，大抵の植物が枯死する．植物の中には塩類を多く含んだ土壌のところでも生育する耐塩植物が存在するが，家畜の飼料にはならない．

　9）　ウォーターロッギング（waterlogging）　非常に平坦な土地で灌漑耕作を行った場合，農作物に必要なだけの水を灌漑すると，灌漑水は農作物の根が張っている土壌よりも下部の土壌にまで浸透する．灌漑が長期にわたると，地下水位が次第に上昇してきて，最後には地下水位が地表にまで達してしまう．稲以外の農作物は約 40 cm の厚さの空気を通す土壌層がないと正常に成長しない．そのため，地下水位がこれ以上上昇すると収穫は減少し，湛水するようになると，塩類も含んでいるので農耕が不可能になる．

4 「沙漠化」の曖昧さ

　沙漠化現象の一般的な説明は先述したが，具体的な説明になると不明な点が多く，また，各研究者による見解が異なるために，定量的な説明は現在のところ不可能である．まず前章で列挙したような沙漠化の具体的な説明である「土地の劣化」とは，何がどのように変化した状態なのかを，具体的に説明した文献はほとんどないし，数少ない文献も必ずしも多数の人達に受け入れられているわけではない．また，最も基本的な問題である沙漠化が進行しているところが確認されていない地域が広くみられる．そのため，刊行の2年も前から大々的に宣伝された "World Atlas of Desertification" (UNEP, 1992) は邦貨で3万円以上の高価な本でありながら，購入してみると，「世界の沙漠化分布図」が掲載されていない，という特異な本になっている．1992年にリオデジャネイロで開催された「地球サミット」に間に合うように編集が進められたのであるが，発展途上国に沙漠化の実体を把握できない国があり，また専門家の意見も一致しなかったことが原因のようである．

　以下，沙漠化の具体的な説明に関しての現状と，各研究者の意見が一致している点と分かれている点などを説明し，現在の段階で可能な限り沙漠化の実体を明らかにしてみたい．

(1) 地表面がどの程度劣化すると沙漠化したと判断するのか

　1977年にナイロビで開催された沙漠化会議では「世界の沙漠化分布図」（図1-4-1）が公表された（ケースのタイトルは "World Map of Desertification" であるが，地図に印刷されているタイトルは "Desertification Map of the World" と異なった表現になっているため，引用される場合しばしば混乱がおきている）．この図では沙漠化の程度を very high, high, moderate に分類しているが，その基準は示されていない．Mabbutt (1985) によると，この分類は国連食料農業機関（FAO; Food and Agriculture Organization of the United

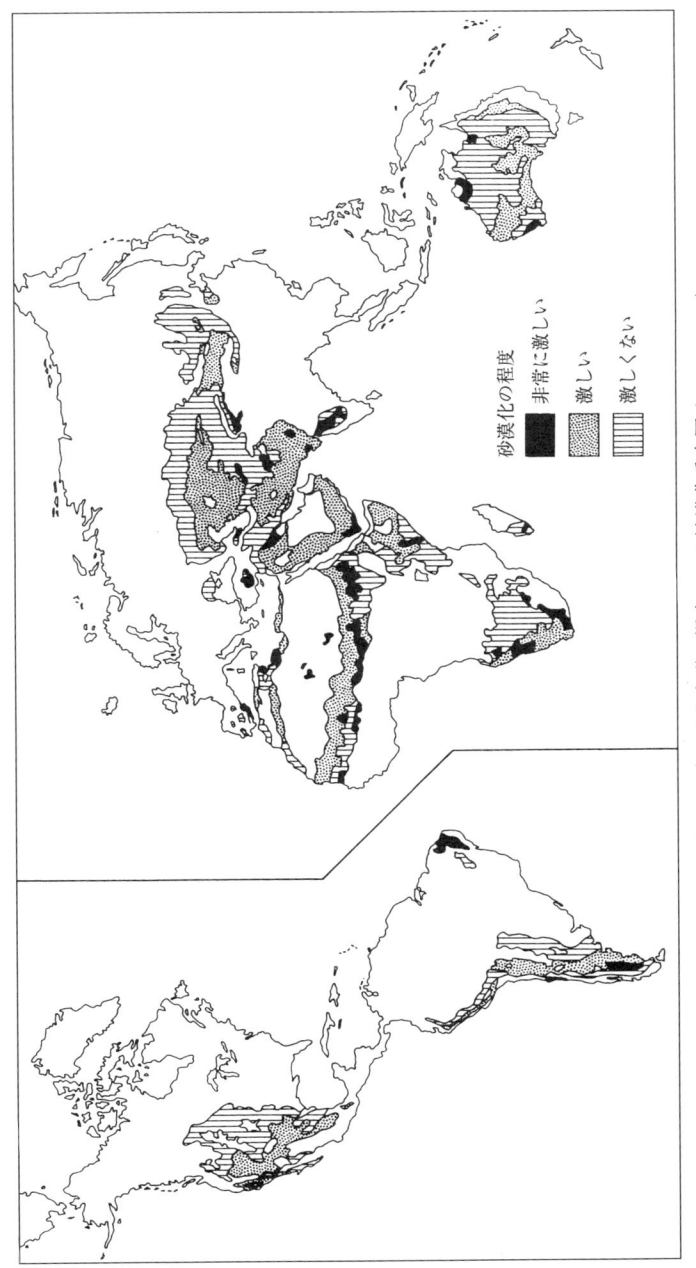

図1-4-1　1977年の国連沙漠化会議へ提出された沙漠化分布図 (Goudie, 1990)

4　「沙漠化」の曖昧さ——19

Nations) による土壌劣化を図化した "Overview of Desertification" と
"Status of Desertification in Hot Arid Region" の副産物であったが，この
作業は主に Dregne により行われたとのことである．後者の分類の基準は

 slight（軽微）
  ―土壌と植物の被覆がほとんどあるいはまったく悪化していない
 moderate（激しくない）
  ―有害な広葉草本と灌木がかなり増加した
   ；または
  ―加速した風食または水食で小山，小さな砂丘または小さなガリが形成された
   ；または
  ―塩性化した土壌により，灌漑による穀物の生産量が 10〜50％減少した
 severe（激しい）
  ―有害な広葉草本と灌木が卓越した植物相
  ―風食と流水による面状侵食が植物に覆われた地表を著しく破壊している
   ；または
  ―塩性化した土壌により，灌漑による穀物の生産量が 50％以上減少
 very severe（非常に激しい）
  ―大きく移動した不毛の砂丘が形成された
  ―大きく，深い無数のガリの存在
   ；または
  ―塩類殻がほとんど不透性の灌漑土壌の表面に発達している

となっている．

以上に説明した沙漠化の基準作成に重要な役割をはたした Dregne (1983)
は，世界の沙漠化分布図を作成するために彼自身の基準を作成している．その基準は，

 軽微
  ―土壌と植物の被覆がほとんどあるいはまったく悪化していない
 激しくない
  ―植物群落の 26〜50％が安定種である
   ；または
  ―現成表土の 25〜75％が消失
   ；または
  ―塩類集積により穀物の収穫が 10〜50％減収となった

激しい
 —植物群落の10〜25％が安定種である
    ；または
 —表土のすべて，またはほとんどすべて侵食された状態
    ；または
 —排水溝，またはリーチングで管理されていても塩類集積により穀物の収穫が50％以上減収となっている

非常に激しい
 —植物群落の安定種が10％以下
    ；または
 —広い範囲にわたって砂丘で被覆される，または深いガリの発達
    ；または
 —塩類が灌漑土壌に殻となって集積した状態である

としている．以上のような基準の地表面は，あまり離れていないところで「軽微」と「非常に厳しい」が同時に出現することもあるので，Dregneは「世界の沙漠化分布図」を描くとき，さらにこれらの規準を複合した規準を作成している．たとえば，「厳しくない沙漠化地域」は「軽微」の規準部分が50％以下，「著しい」と「非常に著しい」の規準の部分が30％以下等である．

両者の沙漠化の規準は内容に大差はないが，作成された「世界の沙漠化分布図」には相当違いがみられる．（図1-4-1・2；赤木，1990）．最大の違いは，Dregneの図1-4-2では極乾燥地域が「軽微」に分類されているのに対し，ナイロビの会議に提出された図1-4-1では，極乾燥地域は乾燥しすぎているため，沙漠化しない地域に区分されている点である．

(2) 1984年に報告された沙漠化防止行動計画（PACD；Plan of Action to Combat Desertification）による実態調査

前節で述べた2つの図（図1-4-1・2）の作成のために，沙漠化の実体がどのような方法で調査されたのかは確かめることができなかった．しかし，国連は1977年の沙漠化会議をきっかけにして1984年と1991年に世界の沙漠化調査報告書を作成している．

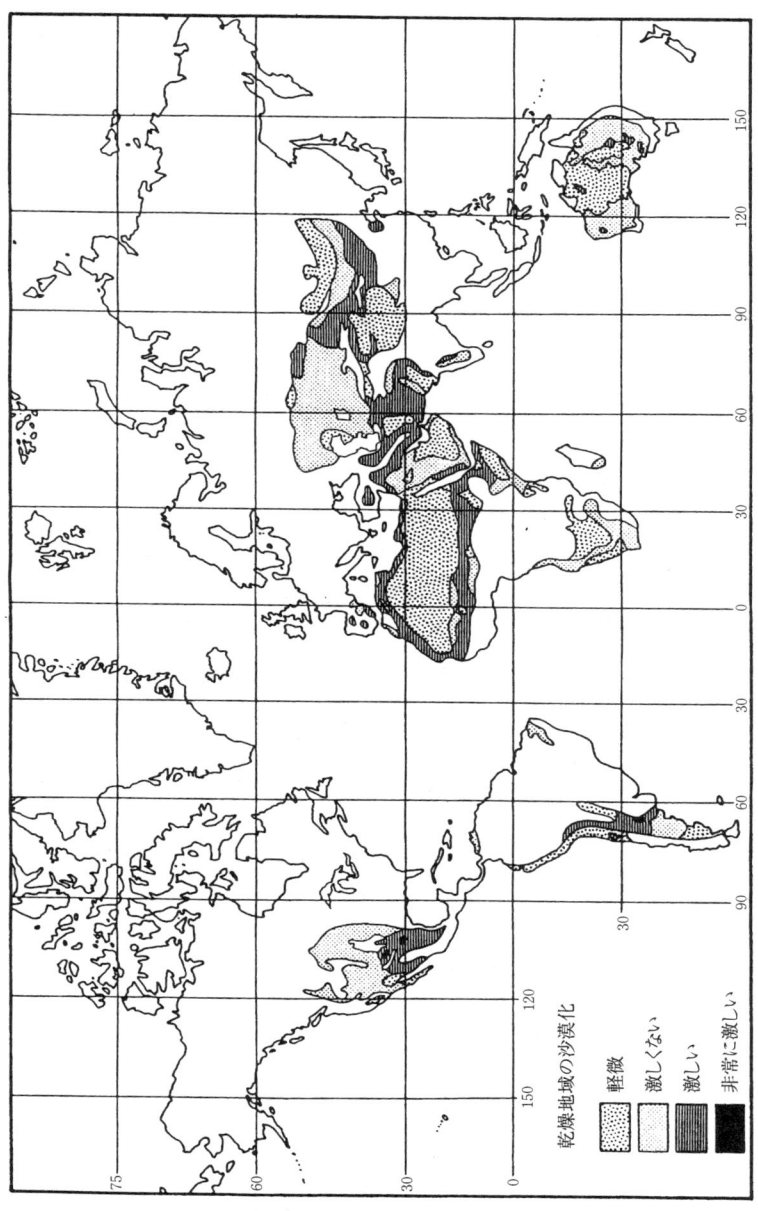

図1-4-2 Dregneによる沙漠化分布図（赤木，1990）

1984年のPACDによる沙漠化調査項目は6つあり，最後の「利用できる地下水と地上水の減少」以外の5項目は次のように区別されているので，以下各項目について説明する（Berry, 1988）．
1) 砂丘の侵入
　激しくない
　　—いくらかの砂が耕地や集落を被覆している
　激しい
　　—農地の5%以上が砂丘に被覆されている，または集落の移転の主な原因となっている
　非常に激しい
　　—農地の10%以上が砂丘に被覆されている，または町が防止資金や多方面の問題に資金を使い果たさなければならない状態
2) 放牧地
　激しくない
　　—植物が相当に，または局地的には激しく侵食され，新たな植物が侵入してきて悪化した放牧地が，改良と保護対策で管理されている状態．牧草が初期の量から25%まで減少
　激しい
　　—多年性の植物の非常に大幅な減少と，新たな植物の侵入による放牧地の悪化の拡大．牧草が初期の量から25〜50%減少
　非常に激しい
　　—灌木と牧草が広い範囲にわたって消え，広大で非常に激しい土壌侵食を加速化させる．牧草が初期の量から50%以上減少
3) 降雨依存農地
　激しくない
　　—分布は広い範囲にわたるが局地的に激しい侵食，土地改良の必要性と以前より強化された管理に支えられた保護対策が必要，初期の生産量の25%以下減収
　激しい
　　—激しく侵食され，局地的には生産不可能；広範囲な土地改良が必要とされ，土壌改良と以前より強化された管理により支えられた保護対策が必要；初期の生産量より25〜50%減少

非常に激しい
— 広い範囲が荒廃し耕作不能,非常に激しく侵食されており,大規模な土地改良が必要,局地的には経済的に無価値,いたるところで本格的な土地改良と保護対策が必要;初期の生産量より50%以上減収

4) 灌漑農地

激しくない
— 塩類集積が広範囲にわたるが,厳しい問題とはなっていない状態,土地改良とより適切な管理で処置する必要がある状態,最初の計画で見込んだ収穫量の25%以下の減収

激しい
— 重大な沙漠化問題が拡大しており,かなり大規模な工事が要求されている。最初の計画で見込んだ収穫量の25〜50%減産

5) 樹木の過伐採

激しくない
— 薪と木炭不足の問題,高値

激しい
— ある地域では樹木林がほとんどなくなり,広い範囲で供給より需要が大きくなる

非常に激しい
— 非常に広い地域で樹木林がなくなり,30 km またはそれ以上の遠方から供給しなければならなくなる,需要が国内で供給できる量をこえてしまう

このPACDによる調査結果はMabbutt (1984)により解説されているが,沙漠化の面積の詳しい数値は示されていないので,UNEP (1991)から引用する(表1-4-1)。この表には砂丘の侵入,過伐採,利用できる水の減少につ

表1-4-1 PACDの調査報告書(1984)による世界の土地利用別沙漠化面積(単位100万ha)(UNEP, 1991)

土地利用	全面積	沙漠化の影響を受けている土地	%	沙漠化の影響を受けていない土地	%
放牧地	3 700	3 100	80	600	20
降雨依存農地	570	335	60	235	40
灌漑農地	131	40	30	91	70
計	4 409	3 475	70	926	30

*計算が合わない数値がある。

いての数値が示されていないが，PACDをたちあげることに十分な検討がなされなかったこと（Darkoh, 2000）も一因であろう．

(3) 1984年のPACDの実態調査に対する評価

この実態調査に対する評価は，1）肯定的評価，2）否定的評価，3）部分的評価の3つに分類できる．

1) 肯定的評価

Berry (1988) は1984年報告の調査でサヘル・スーダン地域19ヵ国の調査を担当した人物であり，当然のことであろうが肯定的評価をしている．

まず調査の問題点として，厳しい干ばつのときに調査が行われたので，長期間の沙漠化の状態が必ずしも正確に現れていなかったこと．さらにUNEP/UNSO (United Nations Sudano-Sahelian Office) からすべての国へ送られた公式の質問状への回答に時間がかかり，信頼できる科学的分析に必要なデータが得られなかったことをあげている．しかし，Berryはそれぞれの国の技術者・科学者・政府専門家に見解を求め，信頼のできる回答にした．また，最近の科学的調査を利用し，さらに，彼自身と同僚の現地調査を使用し，1977年以来の変化を明らかにすることができたと主張している．Berry (1988) は「アフリカ開発銀行」へ提出した報告書の要約のため短い論文であるが，調査した国の現状の要約を報告している．

2) 否定的評価

否定的評価は1980年代末から目立ち始め，1990年代になって増加している．中にはタイトルが「沙漠化：爆発的に増大する神話」（Thomas and Middleton, 1994）とつけられているきびしい著書もある．否定的見解に共通しているのは，アフリカ，とくにサヘルの沙漠化について，1990年代になっても国単位・地域単位でのデータがほとんどないこと，土地の劣化が主に干ばつによるのか，人為的インパクトによるのか不明なこと，沙漠化の状況の認定に政治的判断が加わっていることなどがあげられている．また不正確なデータを元にしているにもかかわらず，沙漠化した面積や影響を受けている人

口数があたかも正確な数値のように一人歩きしていることなどである．

　Rhodes (1991) は UNEP を中心にした，沙漠化問題の深刻さを強調した報告書の文章―たとえば「沙漠化はますますきびしさを増している」，「沙漠化は地表の 35% を脅かしている」などに対し，沙漠化が世界的規準で多くの人類や動物を脅かすほど悲惨な環境問題か疑問であるとして，非常に貧弱な情報に基づく不正確な情報だと批判している．彼はこのような報告書が提出される原因として，1)「沙漠化」についての各研究者の異なった解釈，2) サヘルの非常に乾燥した時期に科学的に疑問の残る規準で集めたアンケートを分析している，3) 沙漠化問題が生じた初期の段階の想定・見積りに依存しすぎている，4) 国あるいは地域での調査で，沙漠化と干ばつの時の土地の不適切な利用の区別が困難なこと，などをあげている．

　Darkoh (1996) は，サヘルでは過放牧，過耕作，過伐採などが沙漠化の原因となっていると主張されているが，信用できるデータが欠けているため両者の関係は不明な点が多いと主張するとともに，もう 1 つの問題として調査者が沙漠化の社会経済的指標にほとんど注意を向けていないことを指摘している．たとえば，現在まで沙漠化で人々がどれだけ損害を受けたかを追跡した研究はみられない．そのため人々が沙漠化からどれだけ被害を受けたか正確に説明できないことを指摘している．

　なお，これらの批判に対し，Stiles (1995) は「沙漠化は神話ではない」のタイトルで反論しているが，内容が多岐にわたっているので，ここでは省略する．

3）部分的評価

　Mabbutt (1985) は 1984 年に報告された調査の立案に参加しているが，彼はこの調査結果を次のように説明している．国連によって沙漠化の社会・経済的結果が強調されたが，社会的・経済的状況を示す指標は組織的には得られなかった．国家的レベルと地域的レベルで沙漠化の情報を得るために 91 カ国に質問状を送るとともに，地域的レベルの状況を知るために，国連地域委員会と UNSO が協力して調査を行った．結果は各国からの回答は不十分・不完全なものが多かったので地域調査で代用し，一応目的を果たした，

としている．

主な情報不足は，1) 必要な情報を集めることができる国家機関の不足，2) 乾燥地域を正確に知る基本的な情報の不足，3) ある地域について速やかに沙漠化しているか否か迅速に判断する実用的な方法の不足，にある．

(4) 国連の調査による沙漠化の実態

国連は1991年に，次の年にリオデジャネイロで開催される「地球サミット」の資料として，沙漠化の現状調査報告を刊行した (UNEP, 1991)．この調査の大きな目的の1つに「世界の沙漠化分布図」を作成することがあったが，本章冒頭で述べたように，それを作成することはできなかった．その原因について前書きで，「この地図帳は基本的に土壌劣化に基づいている．植生，放牧地，その他異なった土地の劣化は土壌の劣化とともに重要である．しかし，過放牧と同様，植生の劣化，土地利用パターン，人口についての査定に対する世界的に信頼できるデータベースが得られなかった」と説明している．1984年，1991年の調査報告はともに，世界の沙漠化の実態が正確に把握されていない実情を示しているが，その主な原因として2つの理由があげられよう．

1つは，沙漠化が問題となっている地域がアメリカ合衆国やオーストラリアなどの先進国から，中央政府の行政能力が非常に弱い国が多数存在するサヘル地域まで含んでいるため，世界全体の沙漠化の状況を把握しにくいこと．

2つめは，沙漠化現象の分布を国や地域単位の面積と比較すると，沙漠化している1つ1つの面積は点としてしか表現できないか，せいぜい村単位程度の範囲のものが多いため，ある地方あるいは国単位で説明しにくいことである．1つの村程度の単位での調査の報告では沙漠化の実体がよく理解できる．このような報告書は国連や各政府へ提出されることが多く，他の研究テーマのように学術雑誌に報告される論文はそれだけ少ないはずである．それでも，学術雑誌や著書に掲載された論文しか入手できない筆者の手元に1990年代に公表された沙漠化に関する論文が1000編ちかく集められているので，各地で沙漠化が深刻な問題になっていることは間違いない．そのため，第II部では個々の例を中心に沙漠化の多様な問題を説明することにする．

表1-4-2　UNEP (1991) から作成した沙漠化面積 (単位万 km²)

	1977年			1984年			1991年		
	全面積	劣化面積	割合%	全面積	劣化面積	割合%	全面積	劣化面積	割合%
放　牧　地				3 700	3 100	80	4 556	3 333	73
降水依存農地				570	335	60	458	216	47
灌　漑　農　地				131	40	30	146	43	30
合　　　計		3 970	75.1	4 409	3 475	70	5 160	3 562	69
被　害　人　口	7 850万人			1億3 500万人			世界人口の6分の1 (9億7 400万人)		

＊計算が合わない数値，本文の数値と合わないものもある．
＊Darkoh (2000) によると，1991年以降UNEPによる沙漠化面積は公表されていないようである．
＊2002年にヨハネスブルクで開催された「環境・開発サミット」に向けてUNEPが出版した "Global Environment Outlook 3" (2002) には，UNCCD (United Nations Secretareat of the Convention to Combat Desertification, 2000) からの引用で，乾燥地帯の70%・約36億haが劣化していると説明されているが，これはこの表の1991年の数値とほぼ同じである．なお，土地利用別の数値は明記されていない．

表1-4-3　UNEP (1984) による世界の沙漠化面積 (単位万 km²) (門村ほか，1991)

地　　域	放牧草地		降雨依存農地		灌漑農地	
	全面積	沙漠化比率	全面積	沙漠化比率	全面積	沙漠化比率
ア　フ　リ　カ	710	―	162	―	6.0	―
ス　ーダンサヘル	380	90	90	70	2.8	20
南　部　ア　フ　リ　カ	250	80	52	65	2.0	20
地中海アフリカ	80	80	20	15	1.2	30
ア　ジ　ア	816	―	213	―	84.5	―
西　ア　ジ　ア	116	85	18	75	7.5	15
南　ア　ジ　ア	150	80	150	65	59.0	25
ソ　連　ア　ジ　ア	250	60	40	30	8.0	15
中　国　・　蒙　古	300	70	5	50	10.0	10
オーストラリア	450	30	39	20	1.6	15
地中海ヨーロッパ	30	55	40	25	6.4	20
南米・メキシコ	250	75	31	65	12.0	10
北　　　米	300	50	85	25	20.0	20
計	2 556	―	570	―	130.5	―

　さて，以上のように沙漠化の実態は非常に曖昧である．しかし，量的な説明なしでは沙漠化の概略を把握できないので，国連が公表した1977年，1984年，1991年の沙漠化の状況を説明する (表1-4-2・3・4)．
　表1-4-2により世界の沙漠化の規模と時系列の変化が明らかになるが，こ

表1-4-4　1991年の項目・大陸ごとの沙漠化/土地劣化面積（単位100万ha）（UNEP, 1991）

大陸名	灌漑農地			降雨依存農地			放牧地			乾燥地帯の土地利用面積		
	全面積	劣化面積	(%)	全面積	劣化面積	(%)	全面積	劣化面積	(%)	全面積	劣化面積	(%)
アフリカ	10.42	1.90	18	79.82	48.86	61	1 342.35	995.08	74	1 432.59	1 045.84	73.0
アジア	92.02	31.81	35	218.17	122.28	56	1 571.24	1 187.61	76	1 881.43	1 311.70	69.7
オーストラリア	1.87	0.25	13	42.12	14.32	34	657.22	361.35	55	701.21	375.92	53.6
ヨーロッパ	11.90	1.91	16	22.11	11.85	54	111.57	80.52	72	145.58	94.28	64.8
北アメリカ	20.87	5.86	28	74.17	11.61	16	483.14	411.15	85	578.18	428.62	74.1
南アメリカ	8.42	1.42	17	21.35	6.64	31	390.90	297.75	76	420.67	305.81	72.7
計	145.50	43.15	30	457.74	215.56	47	4 556.42	3 333.46	73	5 159.66	3 562.17	69.0

＊計算が合わない数値がある．

　の表と説明文にはさまざまな疑問が残る．たとえば，放牧地が1984年の3700万km²から1991年には4556km²と拡大している．1984年の放牧地の面積については注があり，この数値には遊牧民が使用しないか，たまにしか使用しない乾燥地も含まれると説明されている．このように目一杯に算定した放牧地が1991年には856万km²も拡大している．仮に減少した降雨依存農地112万km²が放牧地になったとしても，差し引き744万km²が新しく放牧地となっている．この744万km²は，1984年には遊牧民もほとんど放牧しないほど条件が悪い草地であったはずだから，そのようなところが放牧地になると短期間に劣化するはずである．にもかかわらず，劣化した面積の割合は80％から73％へと減少している．放牧しない草地を算定したためであろうか．ところが，1984年から1991年の間に拡大した劣化面積233万km²は，説明文では誤差の基準範囲におさまる数値と説明されている．UNEPは「放牧地は劣化しないはずだ」との見解なのであろうか．

　次に他の研究者による沙漠化面積との相違である．比較が正確にできる例としてオーストラリアの場合をみると，放牧地の面積がUNEP（1991）によると657万km²，そのうち，「厳しく」と「非常に厳しく」劣化した面積は84万km²である（表1-4-5）．この数値に対して，Ludwig and Tongway（1995）によると，放牧地面積は約500万km²，このうち，「厳しく」と「非常に厳しく」劣化した面積は200万km²であり，劣化した面積に2倍以上の相違がある．LudwigなどはCSIRO（連邦科学・産業調査局）の生物・生態調査部門の研究者であり，こちらの数値も十分信頼できるであろう．

表1-4-5 大陸別放牧地の沙漠化/土地劣化面積（単位 1000 ha）(UNEP, 1991)

大陸名	放牧地面積	沙漠化面積					沙漠化率(%)
		影響なし〜軽微	激しくない	激しい	非常に激しい	激しくない以上の面積	
アフリカ	1 342 345	347 265	273 615	716 210	5 255	995 080	74
アジア	1 571 240	383 630	485 221	691 602	10 787	1 187 610	76
オーストラリア	657 223	295 873	277 040	55 310	29 000	361 350	55
ヨーロッパ	111 570	31 053	27 372	51 937	1 208	80 517	72
北アメリカ	483 141	71 987	116 102	284 858	10 194	411 154	85
南アメリカ	390 901	93 147	88 007	184 431	15 316	297 754	76
計	4 556 420	1 222 955	1 267 357	1 984 348	71 760	3 333 465	73

次に表とその説明文との関係であるが，説明文では，1984年のアセスメントの説明のところで「沙漠化は1977年以降，毎年6万km²の割合で拡大している」と説明されているが，表ではこの間に沙漠化面積は減少している．また，この説明のところで，「毎年6万km²の割合で沙漠化が拡大し，そのため経済的生産性がゼロかマイナスになった土地が毎年20〜21万km²増大している」と説明されているが，沙漠化した面積より生産力がなくなった面積の方がはるかに広い，という説明も理解に苦しむところである．Dregne (1991)らは1991年の報告書が作成された経緯を説明しているが，これらの疑問点については何も説明していない．

以上のように沙漠化の現状は，定量的には非常に不正確にしか把握されていないため，前述のように「沙漠化は神話である」とか「局地的な問題であり，地球温暖化など世界的な環境問題があり，そちらの対策を優先すべきだ」「政治的な現象である」などと批判されている．

最後に説明しておくが，沙漠化は潮が満ちてくるように面的に広がる現象ではなく，遊牧民が季節的に一時的定住している周辺，家畜の飲用水のために掘った井戸の周辺，点在して分布している乾燥農業集落の人口の急増など，巨視的に見れば点から拡大する現象であること，発展途上国においてはそのような地域にまで行政の目がとどかないことなどが正確なデータがない原因であろう．しかし，沙漠化がすすんでいる地域の住民にとって沙漠化は生命の存在に関わるほど深刻な問題であることを認識しておく必要がある．

第 II 編
沙漠化の原因と対策

沙漠化—土地の劣化—は，多様な様相で出現することが多い．それは，沙漠化をもたらす原因が多く，それぞれ特性が異なり，しばしば複数の原因が関係するからである．そのため，ここでは原因を「間接的な原因＝素因」と「直接的な原因＝誘因」に区分して説明する．

主な素因としては，1) 干ばつ，2) 人口過剰，3) 政治・経済政策の失敗などがあり，誘因としては，1) 過伐採，2) 過放牧，3) 過耕作，4) 過灌漑などがあげられる．そして，沙漠化による土地の劣化の具体的な現象としては，1) 放牧に適した植物の減少と消滅，乾性植物の侵入，2) 砂の移動，3) 土壌侵食，4) 塩類の集積などがある．以下，素因と誘因について具体的に説明する．

素因 素因は土地に直接はたらきかける作用ではなく，土地に直接はたらきかける誘因に圧力を加える作用である．「干ばつ」を例にあげて説明する．現在沙漠化の被害を受けている乾燥地帯は，しばしば干ばつが発生する特性をもった気候のところに位置する．そのため，これまでこの地帯で生活してきた人たちは，この気候特性に合わせて生きのびるか，自然淘汰されてきた．その結果，第二次世界大戦のころまでは世界の注目を集めるような沙漠化は発生しなかった．ところが，第二次大戦後，健康・衛生状態の改善などにより人口が急増した．そのため，干ばつになって土地の生産力が低下すると，増加した人口を十分に養えなくなった．サヘルでは1950年代から1960年代まで降水量が多かったため，人口の過剰は表面化しなかったが，1960年代後半に干ばつが始まると，土地の生産力が低下して過剰人口が顕在化し，土地を酷使したため沙漠化が始まった．

「人口過剰」も沙漠化の直接の原因ではなく素因である．土地生産力に対して過剰な人口を工業化などにより農業以外の産業分野に吸収できれば，沙漠化は生じないか回復する．日本では明治時代以降，農村人口の増加が大きな社会問題となったことがあるが，教育の普及や工業化などにより，この問題を克服した．現在，人口過剰が沙漠化の素因となっている地域は，かつて日本が農村の人口過剰に対して行ったような対応ができていない，ということである．

誘因 誘因は林業・牧畜・畑作農業・灌漑農業など，直接に土地を利用す

る行動である．乾燥地帯の植生・土壌は湿潤地帯のそれと比較し脆弱なため，この地帯で古くから生活してきた人たちは，この脆弱な土地に適応した生活をしてきた．しかし，さまざまな理由により生産量を高める方法・技術が導入されると，しばしば逆に土地の生産力が低下したり破壊され，過伐採・過放牧・過耕作・過灌漑となり沙漠化が進行する．

　沙漠化の様相はそれぞれ誘因ごとに異なるので，対策は誘因ごとに説明する．

第1部 沙漠化の素因

1 干ばつ

(1) 干ばつの定義

 干ばつの定義も，かつての沙漠化の定義と同様に少なくとも150以上ある，との指摘がある．Agnew and Anderson (1992) は干ばつの定義を整理して，各研究者が規定した干ばつの定義を示している．この文献によると，ロシアでの定義は「総降水量が5 mmを超えない日が10日間あった場合」，イギリスでは「少なくとも15日間以上0.11 mmの降水がない場合」とされている．以上は降水日数が多い地域での定義であるが，「平均降水量より少ない降水が長く続く」，「降水干ばつは降水不足による」との定義もある．

 彼らは干ばつを，さらに 1) 気象干ばつ，2) 気候干ばつ，3) 水理干ばつ，4) 社会経済干ばつ，5) 農業干ばつに分類されることがあると説明している．「水理干ばつ」と「農業干ばつ」は他の研究者もしばしば使用しているので簡単に説明する．「水理干ばつ」とは，河川流量や湖水の減少などを意味している．しかし，この原因は降水量が少ないことが原因であるから，わざわざ気象干ばつと区別する必要はない，というのが筆者の見解である．「農業干ばつ」とは，農作物の成長に水が不足する現象であるが，気象干ばつが原因であったり，水を多く必要とする農作物を栽培したり，降水量の少ないところへ耕地を拡大したときにも生ずる現象であるから，この用語も不必要であると筆者は考えている．

 沙漠化に関する他の論文では，干ばつを「年平均降水量より年降水量が少ない年が数年続いた場合」，「平均的な乾燥より，より乾燥した状態が継続した期間」(Grainger, 1990) などと定義している．しかし，これらの定義では，

植物や流水量などに与える影響が不明であるから（たとえば降水量の減少が非常に少ない場合，植物の生育や流水量は平均降水量のときと変わらないかもしれない），本書では，「平均降水量よりも少ないため，植物や流水量などに負の影響を与える時期」と定義しておく．

(2) 20世紀における主な干ばつ

　アメリカ合衆国のグレートプレーンでは，1931年から1937年にかけて大干ばつが発生した．ちょうどこの時期は不景気だったため，農民は農地を拡大して収穫量をあげようとしていた．その結果，肥沃な表層土が強風によって吹き飛ばされ，激しい土壌侵食を受けた．この土壌侵食は「ダストボウル（dust bowl）」と呼ばれ，このときの農民の悲惨な生活の様子は，ジョン・スタインベックの『怒りの葡萄』にあますところなく描かれている．その後，1950年代前半，1968〜1972年，1980年にも1930年代以上に厳しい干ばつが襲ったが，農民たちは1930年の干ばつを教訓にして土壌保全に努め，被害を最小限にくいとめた．

　オーストラリアでも各地で干ばつが発生しており，西オーストラリア州のガスコイ盆地では1935〜1941年の干ばつで，65万頭の羊が20万頭まで減少し，アリススプリングスでは1960年代の干ばつで，牛が35万頭から13万6000頭にまで減少した．いずれも干ばつ前に雨が多く，この時期に家畜を増やしていたために被害が大きくなったのである．1982年にはヴィクトリア州とサウスウェールズ州の小麦地帯で干ばつが発生し，収穫量が前者では平年作のわずか16％，後者では29％まで減少した（Beaumont, 1989）．

　Mainquet (1991) によると，サヘルでは，1912〜1915年，1940〜1944年，1968〜1973年，1977〜1985年に干ばつが襲っており，特に前二者の干ばつは非常に厳しかった．1913年はソンガイ族の間では「長い飢餓」と呼ばれている．セネガルのセントルイスでは年平均降水量が330 mmなのに対して1914年には144 mmであり，ニアメイでは年平均降水量580 mmに対して1915年には281 mm，ンジャメナでは年平均降水量620 mmに対して1913年には306 mmであった．1940〜1944年の干ばつのときには，1942年がソンガイ族により「お前の奥さんを略奪する年」と呼ばれた．このときは

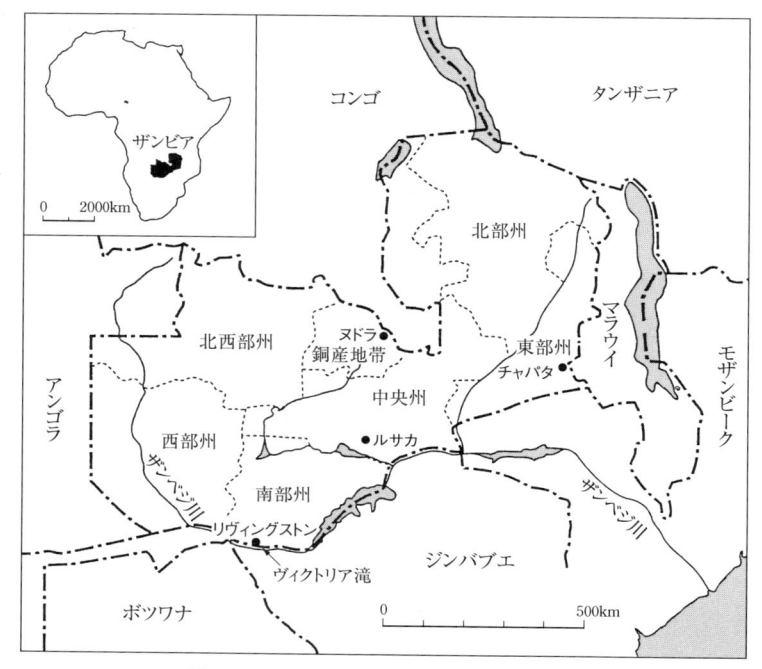

図 2-1-1　ザンビアの概要図 (Tiffen, 1995)

程度の差はあれ，全サヘル地域が干ばつに襲われた．

　1968〜1986 年の 2 回の干ばつは，沙漠化と関連して非常に強い印象を与えた．この間で最も厳しい干ばつは 1982〜1984 年であった．1970〜1972 年の干ばつはサヘルのほぼ全域を襲い，年平均降水量 100〜300 mm 地帯では 75％も降水量が減少して 45〜80 mm しか降らなかったし，平均降水量 500〜600 mm のところでは 25〜40％も降水量が減少した．

■ザンビアにおける 1991〜1992 年の干ばつ被害

　Tiffen (1995) により，ザンビアの中央部から南部にかけて 1991〜1992 年に発生した干ばつ被害の概要を説明する（図 2-1-1）．
　ザンビアの気候　図 2-1-2 はザンビアの気候区分図である．ほぼ北西−南東方

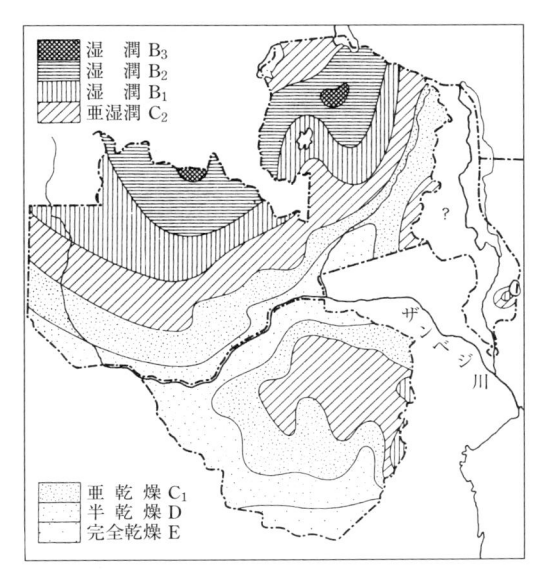

図 2-1-2　ザンビア・ジンバブエの気候区分図（土屋, 1972）

向に向かって次第に乾燥している．地球サミットで沙漠化が発生すると定義された範囲は乾燥亜湿潤地域までであるが，図 2-1-2 も地球サミットに提出された気候図もソーンスウェイトの区分方法によっているため，図 2-1-2 の「亜湿潤」までが沙漠化発生地域とほぼ一致していると考えられる．ザンビア全域が典型的な夏雨気候であるが，降水量が減少するにつれて降水期間も短くなっている．沙漠化の被害が著しかったのは亜湿潤気候中間付近から南東部の国境にかけての範囲であった．ザンビアでは 1980 年代初めから少雨傾向にあったが，1991〜1992 年にはさらに減少し，特に 1992 年の 1 月と 2 月の降水量が極端に少なく，この少雨が干ばつ被害をもたらした（図 2-1-3）．

干ばつ時の社会的・政治的状況　ザンビアの国内総生産は 1982 年から 1991 年の間はほとんど成長しなかった．この間に農村人口は約 100 万人増加し，全人口約 900 万人弱[注2] の 58％に達した（農業の国内総生産高に占める割合は約 15％である）．今回の干ばつの被害は都市には出ず，また銅生産地帯に近い食料が自給できない北部州や北西部州ではなく，平常は食料が自給できる東部州と南部州で被害が最も大きかった．その原因の 1 つとして 1991 年 10 月の政権交代があった．前

注2)　79 頁の数値と違うが，それぞれ元の文献のままとした．

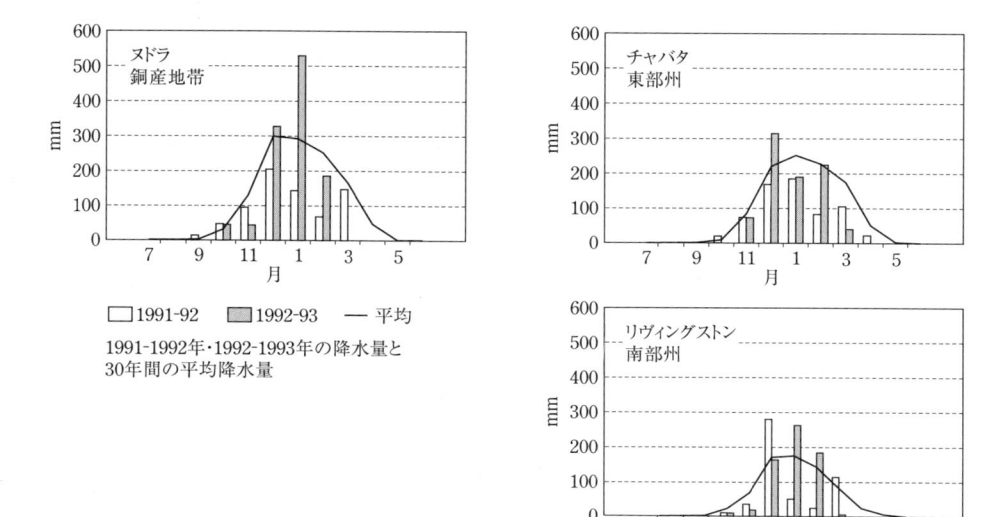

図 2-1-3　干ばつ被害が出た地域の降水量 (Tiffen, 1995)

（ヌドラ 銅産地帯／チャバタ 東部州／リヴィングストン 南部州）
1991-1992年・1992-1993年の降水量と30年間の平均降水量

政権は銅輸出による国家収入を農村への補助金に使用していたが，銅価格の下落でこの政策が行きづまり，自助努力を主張する新政権が成立したのである．しかし，地方政府は相変わらず中央政府に依存しようとし，混乱の一因となっていた．

　旧政府はトウモロコシ生産に補助金を出し，全国統一価格にしていた．また，化学肥料が必要であるが収穫量が多い交配種トウモロコシの栽培を，化学肥料の購入に補助金を出して奨励していた．そのため，消費地から遠隔の地方では，過去にはそれぞれの地域の需要と降水量にあった穀物が栽培されていたのに，交配種のトウモロコシが多く栽培されるようになっていた．在来種のトウモロコシやソルガムは成長期間が長いため早く播種するが，交配種トウモロコシは成長期間が短いため平常の気候では雨季の直前に播種される．この年の雨季の降水量が極端に少なかったため，交配種トウモロコシは枯死してしまったのである．

干ばつが植生に与えた影響　ザンビアの土地利用は広大な範囲が国立公園と保安林，そして大規模な商業農場，また半官半農の農場として利用されている．残りが個人の耕地であるが，休閑地になると誰でも自由に放牧したり牧草を採集することができる．休閑期間が数年も続くと樹木が成長し，やがては森林に帰る．農民の燃料には通常トウモロコシの穂軸と茎が使用されているが，この干ばつの

表 2-1-1　ザンビアの主要農作物の生産量（単位トン）(Tiffen, 1995)

穀物	1990-91	1991-92	%	1992-93
トウモロコシ	1 095 908	483 492	44	1 597 767
ソルガム	20 957	13 007	62	35 448
小麦（灌漑栽培）	53 601	54 490	102	69 286
豆類	14 123	20 401	144	23 534
落花生	28 188	20 504	73	42 301
大豆	27 713	7 006	25	28 026

ときには薪や木炭を使用する者も出現した．また，河川の流量低下のため都市で電力不足となり，木炭の需要が増大したが，薪炭の需要の増大は平年の2倍よりは少ないと推定された．ザンビアは国土の大部分が森林に覆われており，年間その0.5％が失われている．主な原因は都市域と耕地の拡大によるもので，木炭生産による消失はその2.5％ほどであり，その生産が2倍となったとしても，全体の消失の0.125％ほどが増加しただけであり，森林消失への影響はなかった．

放牧地の場合，全国的には明らかにされていないが，降水量が少なかった南部州でも干ばつの影響はみられなかった．その主な原因は，1) 牧草が乾燥に強い種類であること，2) 干ばつの前に牛が流行性の熱病で多数死亡していたこと，3) 早い時期に牛が牧草の豊富なカフュー平原や湖岸に移動していたことなどによる．

干ばつが生活に与えた影響　表2-1-1は干ばつ前，干ばつの年，干ばつの次の年の主要農産物の生産量である．この表から干ばつの被害が出たのはその年だけであったことが読みとれる．また干ばつの被害を地方別にみると，地域により違いがみられた．雨の多い北部地方は平均降水量の年には耕作のためには雨量が多すぎ，肥料分の流失により減収になっていたのに，この年は雨量が適切な量になったため増産となった．これに対し乾燥した中・南部地域では減少し，南部州で85％，ルサカ州で67％，西部州で61％，東部州で37％，中央州で51％の耕地で減産となった．

家畜については前述のように，流行病ですでに多数死亡していたり，移動させていたうえに，山羊・羊などの小家畜を早く売却していたため牧草が不足することはなかった．

ザンビアの新政府・地方政府ともにこの干ばつ被害に十分対応できなかったため，NGOや教会が中心になって救援活動を行った．早い時期にトウモロコシを輸入し，配給したため，厳しい食糧不足は生じず，ほとんど死者は出なかった．しかし，長期間の食糧不足のため，農村では子供を中心とした栄養不良の人が増え，現金収入が30〜100％減少し，次の年の種子を購入できない農民も出現した．

反面この干ばつ被害は農民を結束させるきっかけとなり，これまで行政に頼りがちだった道路・井戸・便所・学校等の建設に積極的に参加するようになった．また，高収穫の交配種トウモロコシの生産にこだわりながらも，単一種栽培の危険に気づき，栽培品種の多様化に取組み，土壌改善にも関心を持つようになった．

　Tiffen (1995) によるザンビアの干ばつ被害の説明は1993年で終わっているが，降雨の回復とともに生活を回復しているため，地球サミットの定義に従うと「沙漠化現象」であるが，砂漠化専門家会議の定義に従うと沙漠化ではない．

■ブルキナファソ北部における干ばつをきっかけとした沙漠化

　Lindqvist and Tengberg (1994) により，ブルキナファソ北部での，干ばつをきっかけとした土地劣化の概要を説明する．

　ブルキナファソの土地条件と1955～1990年の間の降水状況　ブルキナファソはサヘルの南部に位置している (図2-1-4)．地形は，ローム層に被覆された侵食平原 (ペディプレーン) と，その上に堆積した1万6000～2万年前と4万年前に形成され現在は植物に被覆された固定砂丘が東西方向に列をなして分布している．新砂丘は数mの高度をもつ．旧砂丘は侵食平原と地形的には区別しにくいが，侵食平原の土壌がローム質であるのに対し，旧砂丘の土壌は砂質であり，この土壌の違いにより両地形は区別できる．

　年降水量は年による変化が大きい (図2-1-5)．公式観測所があるドリの平均降水量は500mmであるが，1951～1990年の間における各地のの最小・最大降水量

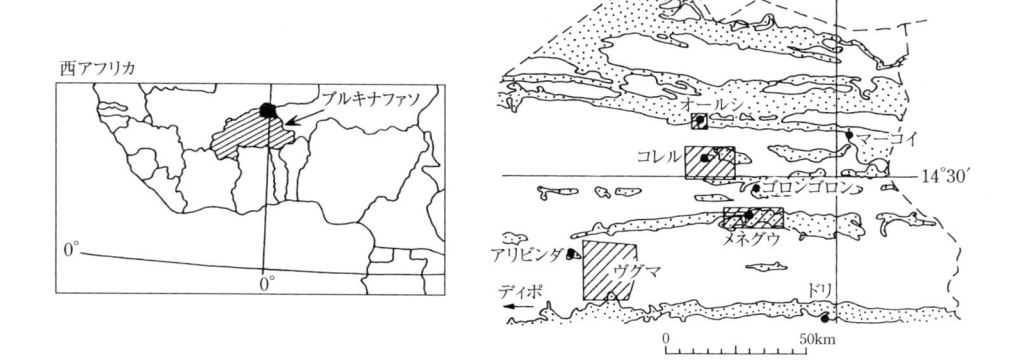

図2-1-4　北部ブルキナファソ地域の概要図 (Lindqvist and Tengberg, 1994)

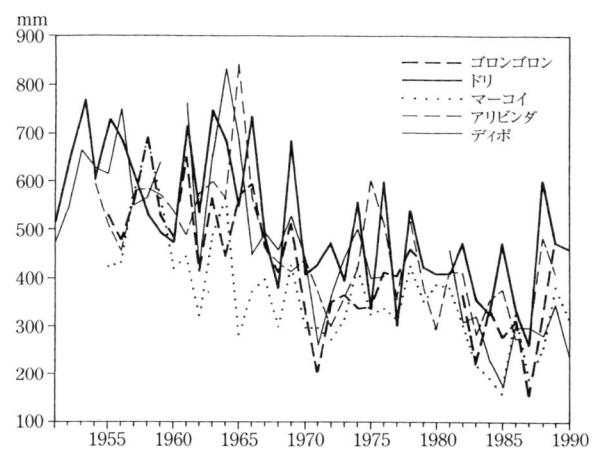

図 2-1-5 北部ブルキナファソの 5 カ所での年降水量 (Lindqvist and Tengberg, 1994)

は以下のとおりである．ドリ：260 mm (1987)・770 mm (1953)，ディボ：175 mm (1985)・835 mm (1964)，アリビンダ：272 mm (1986)・843 mm (1965)，ゴロンゴロン：149 mm (1987)・691 mm (1958)，マーコイ：155 mm (1985)・657 mm (1958)．

調査方法 調査方法は 1955，1974，1981 年のそれぞれ 12 月 20 日に撮影された空中写真と 1989 年 3 月 12 日と 1990 年 12 月 23 日に撮影された衛星写真（いずれも乾季の撮影）の分析と地上調査による植生の調査であり，これらの調査に基づき植生の状態を次の 5 段階に区別した．クラス 1：裸地またはほとんど裸地，クラス 2：裸地が散在するステップ，クラス 3：不連続なブッシュの被覆を伴うステップ，クラス 4：連続的なブッシュの被覆を伴うステップ，クラス 5：比較的密集した植生．

土地劣化の具体例

コレル地区 コレル地区（図 2-1-4）の面積は 2 万 1120 ha で，侵食平原が広い範囲を占めるが，3 つの大きな村落と主な耕地は旧砂丘地帯に集中している．1955 年から 1990 年にかけての植生の劣化は図 2-1-6 のとおりである．1955 年から 1974 年にかけての 19 年間にクラス 4・5 がほとんど消失していることが最大の特徴である．しかし，耕地地区には変化は現れていない．1981 年になるとクラス 2 が拡大し，はじめて裸地（クラス 1）が出現している．耕地地区でも劣化が現れ，村落の近くでは著しい劣化がみられる．1990 年になると植生が非常に深刻な劣化

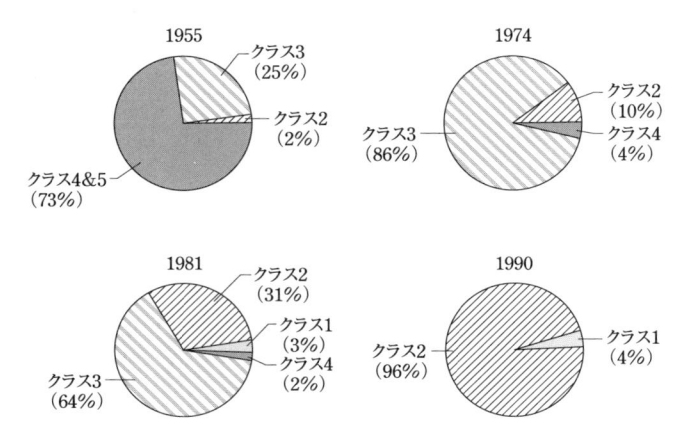

図 2-1-6 コレル地区の 1955〜1990 年の植生変化 (Lindqvist and Tengberg, 1994)
―クラス 1：裸地またはほとんど裸地，クラス 2：裸地が散在するステップ，クラス 3：不連続に分布する灌木を伴うステップ，クラス 4：全面を被覆する灌木を伴うステップ，クラス 5：比較的密集した植生．

状況になっている．

空中写真判読によると，耕地の割合は 1955 年に 13.5％，1974 年と 1981 年に 11％，休閑地はそれぞれの年に 2.7％，6％，6％であったとの結論が出ているが，両者の判読は非常に難しく，正確なところは不明である．また衛星写真の判読によるとトウモロコシを栽培している耕地が広い範囲を占め，休閑地が非常に限られているか，存在しない，との報告もある．

結論として，コレルの植生が劣化したところは，耕地となっている砂丘に囲まれた平原の放牧地である．

メネグゥ地区 メネグゥ地区の面積は 1 万 3915 ha で，高さ 25 m・長さ 1.5 km の新旧の線状砂丘が東西にのびる砂丘地帯に位置している．この地域での著しい植生変化は 2 つある（図 2-1-7）．1 つは 1955 年から 1974 年の間にクラス 4 の面積が半減し，クラス 2 がほぼ倍増していることであり，もう 1 つは 1974 年から 1981 年にかけてクラス 2 が激減し，ほぼその面積分クラス 3 が増大していることである．前者の原因は砂丘での耕地が拡大されたことであり，後者の原因は砂丘のあちこちで耕地が放棄されたことである．

オールシ地区 オールシ地区の面積は 2060 ha で，集落は砂丘とサヘルでは例外的に 1 年中水の枯れない湖の間に位置している．この地区は調査対象地域の中で最も典型的な沙漠化状態を示している（図 2-1-8）．その原因は湖が乾季に牛の水飲み場となるため，多数の牛が集中し，砂丘地帯が集中的な放牧地となること

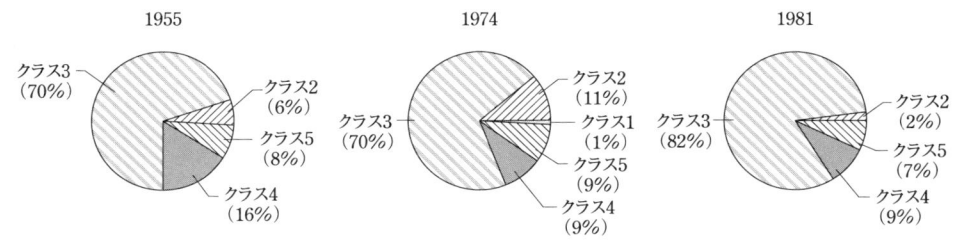

図 2-1-7　メネグゥ地区の 1955〜1981 年の植生変化 (Lindqvist and Tengberg, 1994)

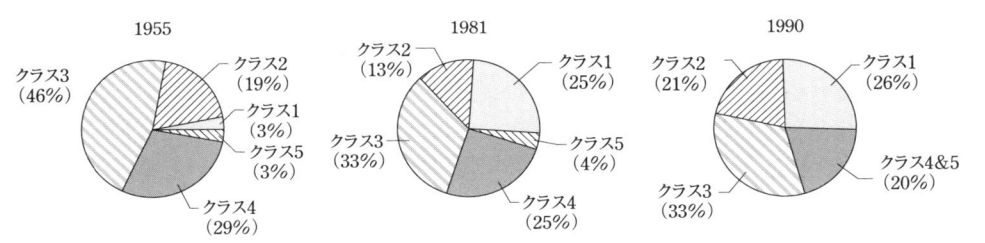

図 2-1-8　オールシ地区の 1955〜1990 年の植生変化 (Lindqvist and Tengberg, 1994)

と，固定砂丘が植生の破壊で移動砂丘となったことである．1955 年時の移動砂丘の面積は 56 ha であったが 1981 年までに 446 ha と急増しており，このことがクラス 1 の急増にあらわれている．1990/1991 年の衛星写真と現地調査によると，1981 年以降移動砂丘の面積に大きな変化はなかった．

ヴクマ地区　ヴクマ地区は対象となった 4 地区のうちで最も南に位置しており，年平均降水量が最も多い．面積は 3 万 8310 ha で侵食平原に位置している．この地区では他の地区とは異なり，1981 年と 1989 年の間の 8 年間の植生変化を調査した（図 2-1-9）．間欠的な流水のある流路に沿っては集約的な耕作が毎年行われており，その面積は全面積の 4％である．この集約的耕作に沿って全面積の 6％ほどで間欠的耕作が行われている．

8 年間の植生変化をみると 20％が劣化し，19％が回復している．劣化している地形は流間地の相対的に高いところであり，回復しているところは間欠的流路に沿う低地である．流間地の植生が減少したことにより，雨水の流れが速くなり，低地に集まる水量が多くなったためである．多くの裸地は放棄された耕地のところであるが，干ばつも裸地の出現の原因となったと推定される．

結論　対象地域で最も厳しい土地の劣化が生じたのは 1960 年代末に始まった干

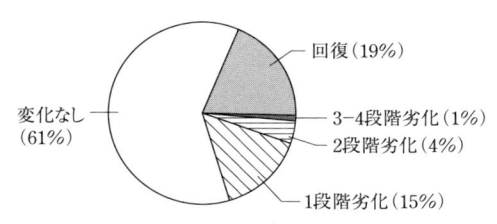

図 2-1-9 ヴクマ地区の 1981〜1989 年の植生変化 (Lindqvist and Tengberg, 1994)

ばつの時期をとおしてであった．最も土地の劣化が著しい地形は，砂丘に囲まれた侵食平原の放牧地である．1985 年以降，降水量が回復したにもかかわらず，メネグゥ地区を除いては裸地はまったく回復していない．このことは不安定な土壌のところでの土地の回復力が悪化していることを示している．この地域での植生の劣化と裸地の拡大は基本的に，耕地の拡大によるのではなく，1960 年代末から始まった厳しい干ばつが大きな原因であり，他の大きな原因は過放牧と過伐採である．

以上説明したブルキナファソ北部での沙漠化は，素因としての干ばつに，誘因としての人間のインパクトが加わった代表的な例である．

2 人口過剰

　人口過剰が沙漠化の原因であることを指摘している文献は非常に沢山ある．しかし，人口過剰について章をたて，詳しく説明している文献は UNES-CO/FAO (1977) くらいのようであり，筆者は他の文献を知らない．この文献を含めてほとんどの文献が，人口増加が沙漠化に与えた影響を一般的に説明している．しかし，人口増加を素因として検討する場合，人口増加が沙漠化の素因となっている地域的な相違，各地域の人口動態の相違などを概観しておく必要がある．

　沙漠化が進行している地域を区分する1つの方法として，先進地域と発展途上地域に区分することができる．アメリカ合衆国，オーストラリア，南アフリカは前者に，南アフリカ以外のアフリカの乾燥地帯に分布する諸地域，中央アジア，西アジア，南アジア，中国，モンゴルなどは後者に含まれるであろう．これらの諸国（地域）のうち，先進国では人口増加が沙漠化の素因とはなっていない．後者の場合，地域的な相違がみられることは明らかであるが，残念ながらその具体的な相違を本書で明らかにすることはできなかった．理由は3つある．1) 沙漠化についての文献は研究地域に大きな偏りがあり，さらに人口増加について論じた論文はそれ以上に偏りがあること，2) 沙漠化している範囲と人口統計の対象となる範囲がずれていること，3) 国連による沙漠化についての対策計画，調査等の報告書の大部分は UNEP から出版されているが，日本ではこれらの出版物が所持されて然るべき環境庁環境部の図書館，国立国会図書館，全国各地にある国連寄託書館，国連大学の図書館にほとんど所蔵されていないこと，である．

　各地域で人口動態に相違があり，また人口の増加が沙漠化の素因にならない地域から大きな素因となる地域まで範囲は多様であり，一般化することには困難がある．人口変動を引き起こす大きな要因は，自然変化（出生と死亡の差）と社会変化（流入と流出の差）であるが，沙漠化が進行している地域

では自然増加が大部分である一方で，社会増加の割合が大きい地域もある．

(1) 人口動態

　人口の自然的増減は，出生率と死亡率の変化により決まるが，この変化には「人口転換」といわれている経験法則がある．経済社会の発展や医療技術の進歩などによって，ある国や地域の人口変動に一定の型がみられることである．Beaumont (1989) はこの人口転換の時期を次の4期に区分している．すなわちⅠ期＝多産・多死，Ⅱ期＝出生率は変化せず，死亡率の低下から安定まで，Ⅲ期＝出生率の低下から安定までで，死亡率は低下したまま安定，Ⅳ期＝出生率・死亡率ともに低下したまま安定（図2-2-1）．Ⅰ期とⅣ期は総人口数が安定しているのに対し，Ⅱ期とⅢ期は人口増加期であり，Beaumontはほとんどの発展途上国の乾燥地帯がⅡ期かⅢ期の時期にあると説明している．これに対し，人口の社会的増減は，ある国・地域への人の転入数と転出数によって決まり，一般的には途上国から先進国へ，農村から都市への転入の場合が多いが，その逆の場合も生ずることがある．

　乾燥地帯の人口増加の状態は，地域による変動の大きさ，時期の相違があるうえに，中国やインドのように国土の一部で統計単位の行政区と乾燥地帯がずれる国もあり，その実態を明らかにすることが困難な地域が多い．そのため，ほぼ全域が乾燥・半乾燥・乾燥亜湿潤地域に含まれ，沙漠化の影響を

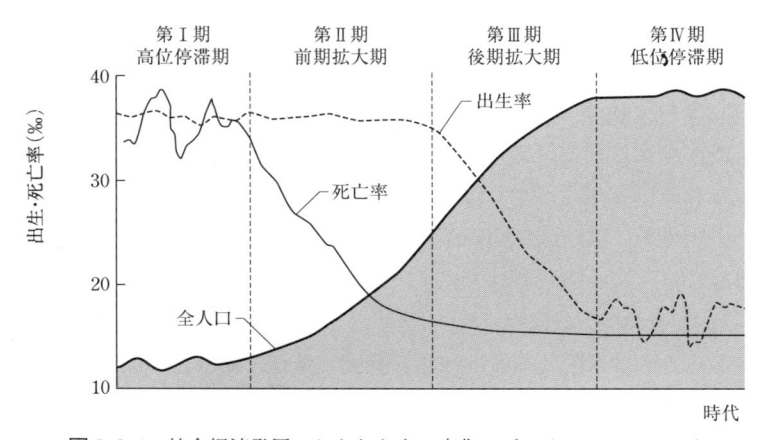

図 2-2-1　社会経済発展にともなう人口変化モデル（Beaumont, 1989）

大きく受け，論文も比較的多いサヘルについて以下に説明する．

(2) サヘルにおける人口の急増

サヘルの範囲 サヘルはアラビア語で「海岸」を意味し，具体的にはサハラ沙漠の南縁の細長い範囲を意味する用語である．Wickens (1997) は，植物学者の Chevalier (1900) がサヘルを学術用語としてはじめて使用したことを説明し，植物の種類の区分からサヘルの北限を年降水量 150 mm，南限を東部は年降水量 450 mm，西部は 500 (600) mm としている．しかし，実際には各研究者によってサヘル範囲は降水量，地域的範囲ともにさまざまである．Grove (1978 b) は降水量に関して数人の研究者の数値を表にまとめているが（表 2-2-1），これら以外の数値をあげている研究者もいる．Mensching (1986) は Budyko の乾燥指数 2～7 の範囲をサヘルとしているが，この範囲は Grove (1978 b) の範囲とほぼ一致している（図 2-2-2）．

次にサヘルの範囲に含まれる諸国であるが，これについてもさまざまな見解がある．しかし，大まかに区分すると次の3つに区分できる．1) Grove (1978 b) が図示した大西洋から紅海まで，セネガル・モーリタニア・マリ・ブルキナファソ・ニジェール・チャド・ナイジェリア・カメルーン・スーダン・エリトリア・エチオピア・ソマリア・ケニアの13カ国，2) New Encyclopedia Britanica 15 edition (1980) などによる，セネガルからスーダンまでの9カ国，この区分にはナイジェリアを含めていない文献もある．3) Grainger (1990) などによるセネガルからチャドまでの6カ国，である．Grainger (1990) は厳密にはサヘルの一部が分布する国は以上の6カ国であるが，サヘルの南側に位置する「スーダンサバンナ」に含まれるガンビア・

表 2-2-1 サヘルの降水量限界 (Grove, 1978 b)

Nicholson, 1976, p. 12	100-300 mm
Maley, 1977, p. 573	100-500 mm
UN case study, 1977	100-550 mm
Grove, 1978 a	200-400 mm
Rapp, 1976, p. 16	200-600 mm
Sircoulon, 1976, p. 537	300-750 mm
Jäkel, 1977, p. 89	350-500 mm
採用する降水量	200-600 mm

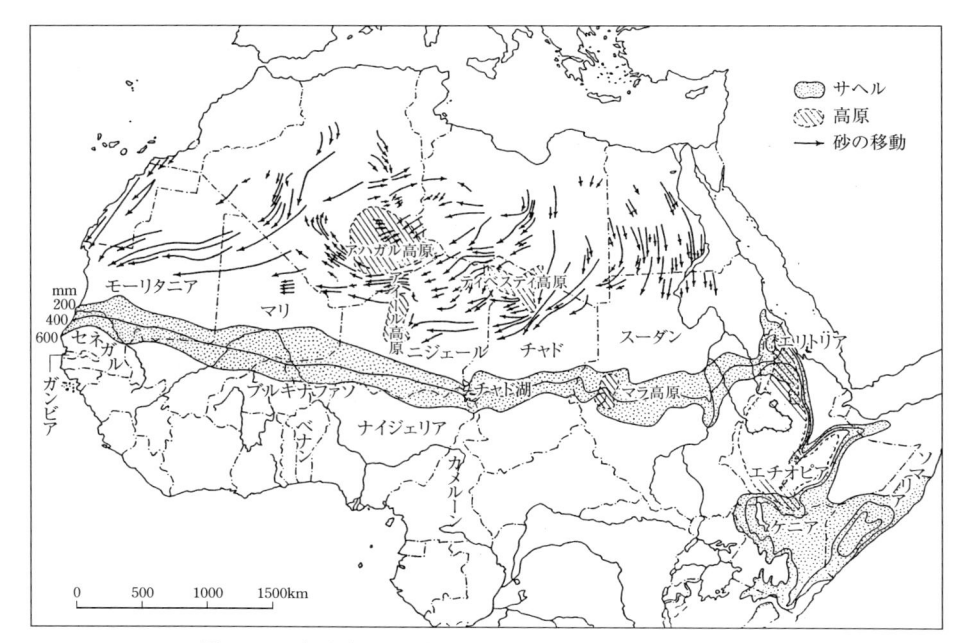

図 2-2-2 年降水量を指標としたサヘルの範囲（Grove, 1978 b）

ベナン・カメルーンの一部も同様な特性の地域であると説明している（図 2-2-3）．Thomas and Middleton (1994) は Grainger (1990) がサヘルに含まれると説明した 6 カ国を「西部サヘル」と説明している．

以上のようにサヘルの範囲，サヘルが含まれる諸国について，研究者の見解は多様である．ところが，サヘルの沙漠化について説明している文献には人口・面積などの数値があげられているが，大部分の文献がそれらの数値を単にサヘルの数値として説明しているだけであり，上に説明したどの範囲，どの諸国，または諸国全体なのか，諸国のサヘルの範囲だけの数値なのかを説明していない．すでに説明したように統計資料が不正確なため，人口，家畜数，沙漠化した面積などの数値はこれらのことを前提として理解する必要がある．

なお，国連はサヘルとスーダンサバンナを 1 つの地域とし，スーダンサヘル地域として取り扱っており，この地域には 19 の国が含まれている（図 2-

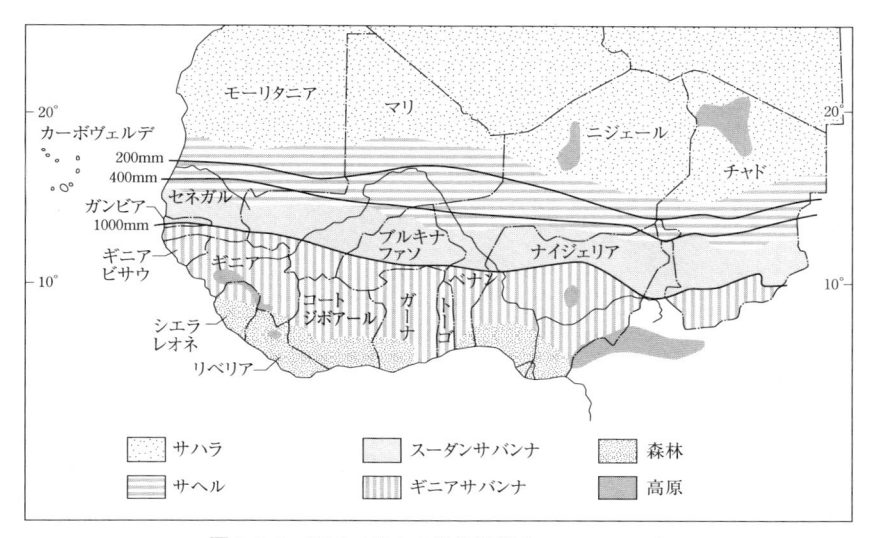

図 2-2-3　西アフリカの乾燥地帯 (Grainger, 1990)

2-4).

サヘルの人口増加　乾燥地帯に位置し，土地の生産性が低いこの地域は，イギリスとフランスの植民地になるまで，何世紀にもわたって全般的に人口密度は小さく，一時的な増加と減少を繰り返してきた．そのため，人口の増加が自然環境にダメージを与えるような現象はおきず，狩猟・遊牧・乾燥農業が行われてきた．その主な原因は土地生産力を超えて人口が増加したときの自然淘汰，部族間での争い，天然痘・炭疽病・牛疫などの流行病による人間と家畜の急減などで，人口が急増することがなかったからである．

ところが，19世紀後半におけるイギリスとフランスによる植民地化に伴う政治的な安定，医療施設の導入などが人間と家畜の死亡率の低下をもたらしたため，この時期に人口増加が始まった．植民地時代には，教育の普及が始まり，道路建設などのインフラストラクチャーの整備が進み，都市も発達してきた．そのため，農村から都市への人口移動もみられるようになった．人口増加・都市の発達により，土壌侵食や家畜の飲用水のために掘られた井戸や都市周辺で土地の劣化が現れ，これらの沙漠化の初期の状態について注目した研究も一部公表されてきた．

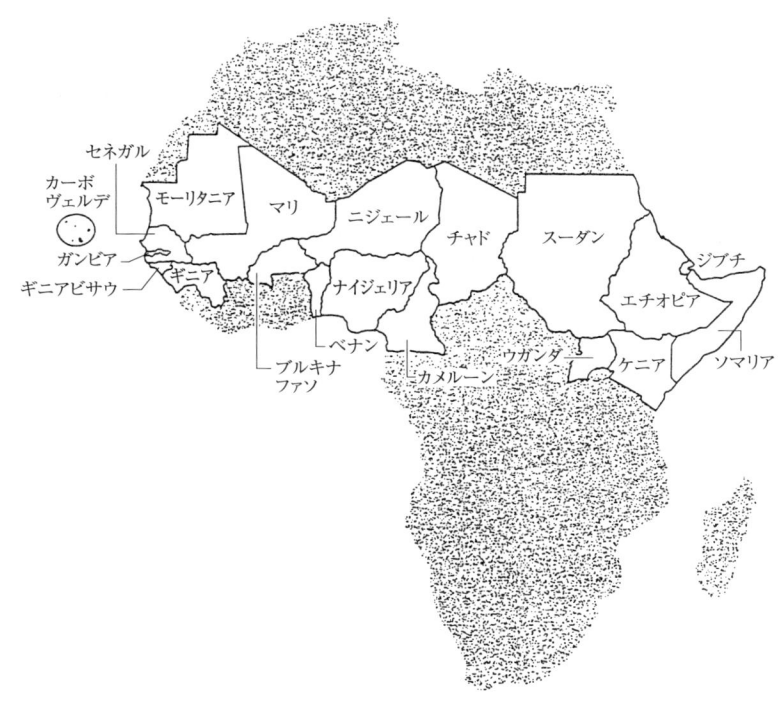

図 2-2-4　国連によるスーダンサヘル諸国 (Berry, 1984)

　しかしこの時期，20世紀前半はたまたま全般的に降水量が多かったため，人口増加によって生じる必要な食料を確保することが可能であり，沙漠化は表面化しなかった．サヘル諸国は1960年前後に相次いで独立したが，独立後政治的・経済的に不安定な国が多く，さらに1968年から長期的干ばつが続いたため（表2-2-2，図2-2-5）混乱が続いた．1977年に「国連沙漠化会議」がナイロビで開催され，この会議をきっかけとしてサヘルの沙漠化は世界の注目を集めるようになったのである．

サヘルの人口と人口増加率　Ware (1977) によると，植民地時代の人口統計はフランス植民地政府によって行われたものだけが存在している．これによると第二次世界大戦前までの人口増加率は1％程度まで上昇していたが，第二次大戦後には3％まで上昇している．図2-2-6は亜サハラアフリカの人口数と家畜数の変化を示した図である．東アフリカとサヘルに含まれる国名を

表 2-2-2　サヘルの 20 世紀の干ばつ (Mainquet, 1991)

1905-08	チャド湖の低水位期
1912-15	厳しい乾燥期―干ばつ
1916-24	湿潤 (wet) 期
1925-28	乾燥期
1929-39	湿潤 (wet) 期
1940-44	厳しい乾燥期―干ばつ
1945-46	湿潤 (wet) 期
1947-49	乾燥期
1950-61	湿潤 (wet) 期
1962-67	中間期
1968-73	干ばつ
1974-76	湿潤 (humid) 期
1977-85	厳しい乾燥期―干ばつ
1987-88	湿潤 (humid) 期

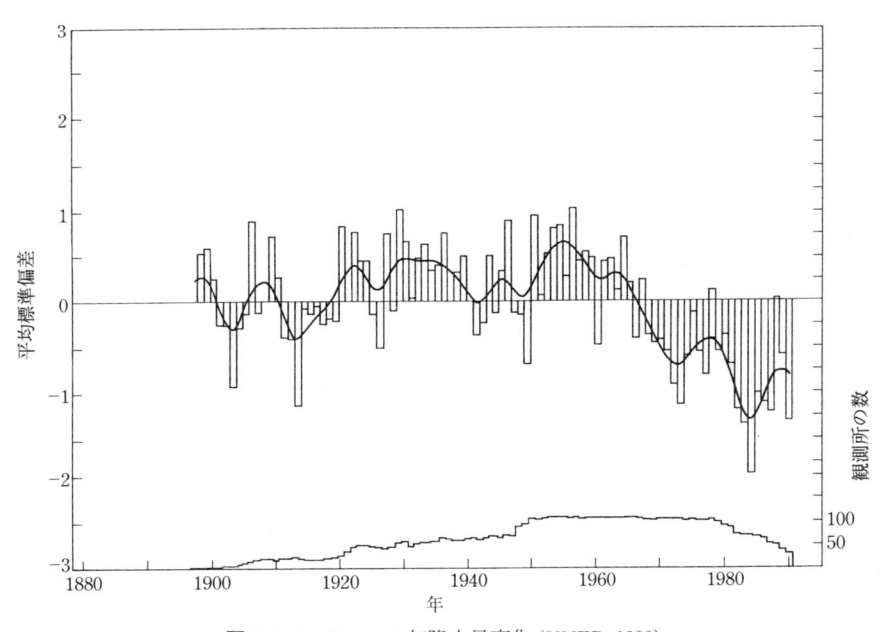

図 2-2-5　サヘルの年降水量変化 (UNEP, 1992)

具体的に示していないし，引用した Le Houerou (1991) の論文名を明記していないので，両者にどの国が含まれるのか不明である．しかし，亜サハラはサハラの南側を意味する言葉であるし，人口数から推定して，図 2-2-6 の

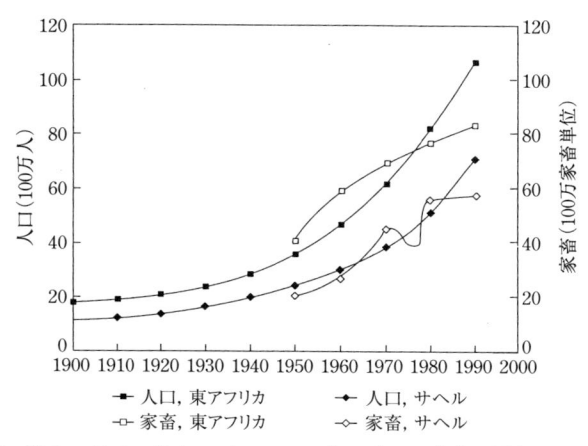

図 2-2-6　亜サハラアフリカの 1900〜1990 年の人口と家畜の増加 (UNEP, 1991)

表 2-2-3　人口増加率（％）による人口増加数（倍）

人口増加率	10 年後	20 年後	30 年後
2%	1.22	1.49	1.81
3%	1.34	1.81	2.43
4%	1.48	2.19	3.24

サヘルは前述した 6 カ国のサヘルと推定される．

　前述のようにサヘルの人口増加率はフランス・イギリスの植民地時代徐々に上昇し，第二次世界大戦頃には 1% 程度まで上昇していた．しかし，第二次世界大戦後から急速に大きくなっている．文献にあげられているサヘルの第二次大戦後の人口増加率をいくつかあげてみると，1) 狭義のサヘル（6 カ国）では第二次大戦以降 3.0% (Ware, 1977)，2) 同じく狭義のサヘルで 1965〜1983 年の 18 年間で人口が 2 倍に増加（人口増加率約 4.0%；Agnew, 1995），3) スーダンサヘルでは 1977〜1985 年に 2.7%，1985〜1988 年に 3.0% (UNEP, 1991) などの数値がある．人口増加率 3% の場合 23 年で人口は 2 倍，4% の場合 17 年ほどで 2 倍になるので（表 2-2-3），サヘルでの人口の急増が生物生産量の劣化の大きな原因になっていることが読み取れる．なお，表 2-2-4 は乾燥地域の国ごとの人口増加率を示しているが，都市人口の

表 2-2-4 北部アフリカ諸国の人口増加率（1980〜1991）—総人口と都市人口（Westing, 1994 を簡略化）

国名	総人口の年増加率（%）	都市人口の年増加率（%）
アルジェリア	3.0	4.8
チャド	2.4	6.3
エジプト	2.5	3.2
エチオピア	3.1	5.3
リビア	4.1	6.3
マリ	2.6	3.8
モーリタニア	2.4	7.3
モロッコ	2.6	4.3
ニジェール	3.3	7.4
ソマリア	3.1	5.6
スーダン	2.7	3.9
チュニジア	2.4	2.8

増加率も示されている数少ない表である．

■インド，ラジャスタン州における人口の急増と沙漠化

　Dhir (1995) により，インド，ラジャスタン州における人口増加による沙漠化の概要を説明する．

　自然環境　インド北西部のラジャスタン州は，ほぼ全域が乾燥地帯に含まれる．西になるにつれて乾燥度が増し，パキスタンとの国境付近に，わずかに超乾燥地域が分布している．年平均降水量 300 mm 付近が乾燥地域と半乾燥地域の境界である（図2-2-7）．ジョドプールの年平均気温 26.7°C，最暖月（5月）平均気温 34.4°C，最寒月（1月）の平均気温 17.1°C である．年平均降水量 380 mm のうち，6, 7, 8, 9月の降水量はそれぞれ 31 mm, 122 mm, 146 mm, 47 mm であり，この4カ月で全降水量の約90%を占める典型的な夏雨乾燥地帯である．なおパキスタンに近いジャイサルマールの年平均降水量は 179 mm である．ナガール〜ジョドプール〜ジャロールを結ぶ線から西側はすべて砂沙漠であり，砂丘と砂床に区分される．年降水量約 300 mm 付近までは，植物に被覆され砂沙漠の砂は固定されているが（写真 1-3-4），降水量が減少するにつれて砂の移動が強くなる．

　人口の自然増加　ラジャスタン州は 10 世紀ごろまで人口が非常に少なかった．いくつかの村では 1658〜1664 年と 1891, 1921, 1941 年の大まかな家族数のデー

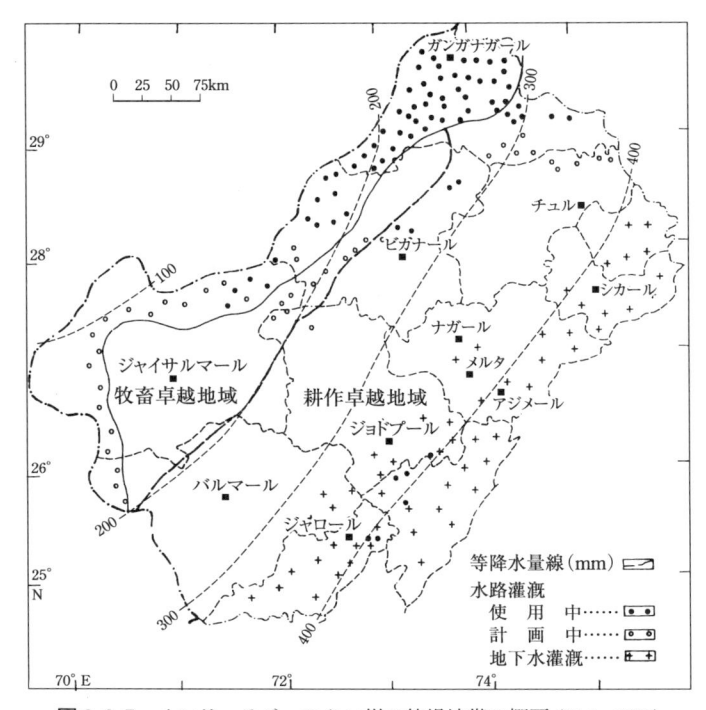

図 2-2-7 インド，ラジャスタン州の乾燥地帯の概要 (Dhir, 1995)

タがあり，これによると 250 年間ほどの間に約 2 倍に増加している．また，ジョドプール南方のマールワール地方の 1820 年の人口は約 200 万人で，この人口数はその後約 100 年間ほとんど変化しなかった．しかし，1921 年から状況が変化し始め，1921 から 1961 年までの 40 年間に人口は 2 倍以上になり，さらに 30 年もたたないうちにその 2 倍に増加したが，この増加率は全インドのそれ以上の高さである．

土地利用 ジョドプール付近で 350〜500 年ごろに作られた穀物を入れるつぼが発見されている．また，メルタではムガール王朝時代，税金を穀物・綿花・砂糖・野菜で納入しており，この地方には同時代に 6500 の灌漑用井戸が掘られていた．これらの事実はジョドプールとメルタが農業に成功していた地域であったことを示しているが，他の地域はこの両地域ほど農業は成功していなかった．夏雨地域での天水農業の降水量による限界線は 350〜400 mm が目安とされているが，ジョドプールの年降水量 380 mm は以上の事実を裏付けるデータであろう．中世

紀末の耕地面積は現在の5分の1程度であったが，人口増加とともに急速に耕地は拡大し，1951年までには北東部のシカールから南部のジャロールにかけて，耕作に適した地域（年降水量約400 mm）では犁で耕作されるようになった．しかし，休閑農法が一般的であり，特に年降水量が360～380 mmのチュル～ジョドプール～ジャロール付近ではこの農法が行われた．そしてこの農法が強化されるとともに，降水量が約300 mm程度で，気候的に不利なガンガナガール～ビカナール～バルマールにかけて新しく耕地が開発されてきた．またガンガナガールでの灌漑網の拡大が耕地開発を増大させた．最も乾燥しているジャイサルマールでは，1951～1952年に11000 haへと約35年間に200倍以上に耕地が拡大された．

家畜の頭数も，特に山羊と水牛が1956年から1983年にかけて増大し続けたが，干ばつの影響で1970年代中期の頭数までに減少してきている．

現在ラジャスタン州ではさまざまな土地劣化現象（沙漠化）が進んでいるが，自然条件は変化しておらず，土地劣化のすべての原因は最近数十年間における土地利用の変化である．以下土地の劣化の主な現象を説明する．

風食と砂の移動　以上で説明した土地利用の変化により，固定砂丘の砂の移動が始まった（写真2-2-1）．草地を耕地化すると農閑期に砂地が直接地表に現れるが，それ以上に砂が移動するのは干ばつのときである．もともと降水量が少ないために放牧地として利用されていたところであるから，干ばつになると耕作が不可能となり，裸地のまま放置される．休閑農法で休閑期間が短縮されると，それだけ植物に被覆されている期間が短くなって砂が移動しやすくなるし，また機械耕作は大規模に土壌を撹拌し，そのため砂が移動しやすくなる．

写真2-2-1　移動をはじめた固定砂丘―インド北西部ジョドプール西方のタール沙漠

地表付近には腐植物が最も多く堆積しており，この部分は肥沃層となるのであるが，この部分が侵食されてしまうため，土壌は急速に痩せてくる．ビカナール付近では1977年の夏に安定した砂丘から1ha当り32.5トン，不安定な砂丘から61.5トンの土壌が失われたとの調査があり，ジョドプール・バルマール地域でははげしい砂の移動が発生した．1985年，長期間休閑した耕地から1ha当り20.7トン，最近休閑した耕地から28.3トン，犂による耕地から47.2トン，ディスク耕耘機による耕地から283.7トンの土壌が失われたとの記録がある．このような土壌侵食による減産量についてはさまざまな見解があるが，Dhir (1995) は伝統的な農法より10〜20％の減産になっていると推定している．

　灌漑による土地の劣化　地表水と地下水の本格的な利用は，この地方における独立後の最も印象的な発展である．1987〜1988年における統計資料によると，灌漑耕作地は約200万haであり，そのうち62％が運河により，残りはさまざまな深さの井戸により灌漑されている．その結果，灌漑は安定した耕作を可能にしただけでなく，収穫量を飛躍的に増大させた．しかし反面，運河による灌漑地域では過剰灌漑により塩害を引き起こす地下水位の上昇をもたらしている．地下水位が1〜6mまで上昇している耕地は20万haに達し，1.5mよりも浅くまで上昇している耕地が2万5600haみられる．また井戸による灌漑地域では地下水の汲み上げすぎのため地下水位が低下し，すでに39％の地域が深刻な状態になっている．

3　経済・政治政策の失敗

　この章ではテーマを一応「経済・政治政策の失敗」としたが，その具体的な範囲・区分等を明確に説明することは容易ではない．たとえば内戦が沙漠化をもたらした過程，資本の論理が沙漠化の原因となった例も説明する予定であるが，これらの事項を「経済・政治政策」に含めることは適切ではないとも考えられる．そのため，ここでは沙漠化の直接の原因者であると同時に被害者でもある農民・牧畜民など以外の人物・機関が，沙漠化を引き起こす原因を説明することにする．

　沙漠化が著しい地域は大まかに分類して，1) 第二次大戦後独立した諸国，2) 旧ソ連や中国などの社会主義国など中央政府の権限が強い国家，3) アメリカ合衆国・オーストラリア・南アフリカ・ヨーロッパの地中海周辺国に区分することができる．1) の諸国には社会主義政策をとった国々もあるので，1) と 2) の諸国の対策を明確に区別して説明することはできない．また，オーストラリアと地中海周辺のヨーロッパ諸国ではその土地利用の歴史的背景と現状がまったく異なるので，同一に説明することはできない．そのため，ここでは「政策」の具体的な範囲と内容を決めず，沙漠化の大きな素因となった主な政策を説明することにする．

　南アジアからアフリカにかけての乾燥地帯に位置する諸国は，第二次大戦後に独立した国が多く，政府が国づくりに主導権を持った国が多数みられたが，この政策の実行には困難を伴う場合が多かった．特にアフリカの場合，1960年前後に独立した国が集中している．1950年代から10年間ほどは乾燥地帯の降水量が多かった時期で，農業生産は比較的安定していた．ところが独立後，政治が安定する前の1968年から深刻な干ばつが始まり，激しい沙漠化が進行した．

(1) アフリカ諸国での政策の失敗

　Lofchie (1987) は，アフリカの新興国の農業不振の原因となった政策を簡潔にまとめているので，この論文を主に，他の文献も参考にして農業不振と沙漠化をもたらした政策を説明する．

　アフリカ独立の年といわれた1960年前後に独立した多くの国が目標とした主な政策は，1) インフラストラクチャーを含む公的サービスの拡大，2) 工業部門の促進，3) 勢力の強い都市住民の政治的要求に対する対応であった．1) の政策の対象は都市部が優先された．また1970年代初期まで，都市住民の雇用を確保し，輸入に必要な外貨を保護するために，工業化による経済発展を選択したのであった．そして独立して間がなく，不安定な基盤しかもたない政府は，反政府勢力になりやすい都市住民の要求に答える必要があった．そのための有効な策は，政府職員の増員などでの雇用の増大や安い食料の提供であった．

　これらの政策を実行するためには膨大な資金を必要としたが，政治的に不安定な新興国への外資の投入はあまり実現しなかった．そのため，政府はこれらの政策を実行するために，その資金を唯一の産業ともいえる農業に求めた．その結果農民に対してさまざまな政策がとられたが，主なものは農作物の価格を規制して低く抑えること，政府による農作物の流通の支配，通貨の過大評価，自給作物から商品作物への転換などであった．

　多くの新政府は，農作物の価格を市場価格よりはるかに低く抑え，とくに輸出作物の場合，自由販売が可能な場合の価格の半分以下に抑えられていた．この価格規制は，植民地政府が行っていた政策を継続・強行したものであった．この低価格政策の目的は，都市住民に安い食料を提供することにより，都市住民の不満が反政府運動へ転換することを防ぐとともに，雇用主が低賃金で労働者を雇用可能にすること，政府が購入する輸出作物の購入価格と輸出価格の差を大きくし，その差額を政府収入とすることであった．

　農作物の価格を規制する方法としては，半官の農作物の取引所が設立された例が多い．そして，この取引所以外への販売を非合法として取り締まったが，この制度も植民地政府が行っていた方法を引き継いだものである．

農作物の低価格政策とともに，農民を不利にした政策に「通貨の過大評価」がある．通貨を過大評価すると外貨との為替レートは強くなり，自由交換レートより物資を安く輸入できるため，都市住民，とくに中・上流階級の人々は輸入品を安く購入できるメリットがあった．これらに対し，自給生活が中心の農民にはほとんどメリットはなく，また，割高の為替レートでも外貨を稼ぐ必要がある政府は，さらに輸出農産物の価格を低く抑えた．このような農民を犠牲にした政策は，短期的には政治の安定に役立つところがあったが，農村を疲弊させ，中・長期的には国全体を不安定にする失敗政策となった．

　通貨を過大評価し，外貨との為替レートを強くし，輸入品を割安にしたことは都市住民の不満を抑える結果となり，政権を維持する手段としては役立ったが，外貨不足をもたらす．その結果，外貨を稼ぐため自給作物にとって代わり落花生などの商品作物の栽培が1970年代まで特に強くすすめられた．商品作物の栽培が可能な耕地は降水量が比較的多く，土地も肥沃なところであったが，大規模に栽培する必要があったため，小農にとっては商品作物の栽培は採算に合わなかった．また，商品作物が導入された結果，収入の少ない自給作物の栽培は周辺の，それまで放牧地であったより乾燥した土地へ押しやられた．

　以上のような農業政策のため，農村が不振となり，また耕地がより乾燥した地域に拡大していったことに加えて，1968年からの干ばつの圧力が加わった．都市では餓死者は出なかったのに，食料を生産する農村で多数の餓死者が出るほど農村は疲弊しており，雨が帰ってきても農業は回復せず，沙漠化の大きな原因となった．

　以上に説明した政策の失敗による沙漠化の発生・進行とともに，関係者にはよく知られながら，表面にほとんど出て来なかった原因に「政治の腐敗」がある．2002年3月26日〜28日に東京で開催された「アフリカにおける国家（政治社会）とガバナンス（統治）に関する国際シンポジウム」で指導者の腐敗の実体が次々と報告された（朝日新聞2002年3月30日付）．「ガバナンス」とは10年前には腐敗という言葉を使うこと自体に抵抗があったため，その代用語として世界銀行が初めて使った用語である（世界銀行からの参加者

の説明).先進国は独立したアフリカの国々に途上国援助(ODA)を送り続けてきたが,その援助の相当額が国家指導者とその血縁・地縁者等に私物化され,国民のために使用されていなかったことも,貧困が変わらなかった一因である.筆者は以前,アフリカで沙漠化調査を行ったことがあるが,そのとき ODA による工事の受注に詳しい現地の関係者から「政府要人への賄賂は工事受注額の3割が相場だ」と聞いたことがあるが,参考になる数値であろう.

また以前,日本政府の援助による沙漠化防止活動を取材したテレビ番組(「砂漠化と闘う―アフリカ・ニジェール紀行」NHK 1991.6.6)によれば,大規模な援助の1つとして灌漑用運河が建設された時,政府高官所有の耕地を灌漑するため,この運河の水を盗む取水口と灌漑用水路が建設され,水が盗み出されている様子が映し出されていた.その取水口の位置,規模から運河完成後に掘られたのではなく,運河の建設時に盗水用取水口も建設されたものと筆者の目には映った.

アフリカでは政情不安がしばしば内戦に発展した.敵対する勢力に侵入された地域の住民は難民となって流出せざるを得ないため,耕地は放棄される.乾燥地帯の耕地は生物生産性が低いため,管理が不十分になると荒廃が進むが,これに干ばつの影響が加わると典型的な沙漠化が発生する.難民は移動先では生活手段を持たないので,飢餓が発生し,しばしば多数の死者を伴う.アフリカでの内戦による沙漠化と飢餓の発生の代表的な例は,1969年から1985年にかけての,エチオピアのヌメイリ政権時代の例である.政権成立時における反政府勢力との内戦に始まり,エリトリア独立戦争が長期間続いたため,エチオピア国内だけでなくスーダンなどの隣接国も大きな影響を受けた.

■**スーダンにおける商品作物の導入による沙漠化**

ここでは Khogali (1991) により,政府が商品作物の栽培を強制したため,干ばつをきっかけに発生した飢餓の例として,スーダンのウム・ルアバ地方の場合を説明する.

ウム・ルアバ地方の地域性　ウム・ルアバ地方はハルツームの南南西約350 km，サヘルの東部に位置しているためしばしば干ばつが発生し，土地の劣化と飢餓が発生する地方である．面積は約2万3000 km²，人口は約37万3000人で，大部分は農耕と家畜飼育を生業とするガワマ族で，わずかに遊牧民のシャナブラ族も生活の場所としている．

地形は固定砂丘地帯であり，土壌は砂質であるが，砂丘間の低地は粘土質土壌である．土壌は痩せているが，この地方の南部に多く生育しているマメ科のアカシア・セネガルが土地を肥沃化するとともに，アラビアゴムの原料として重要な役割を果たしている．

年降水量は南部で平均450 mm，北部で300 mm，雨期は7月から9月にかけてであるが，地域的にも時期的にも変化が大きい．人々は水を深井戸に依存しているが，地下水は場所により量・質ともに片寄っているため，集落は井戸の周辺に集まっている．水の利用は人間と家畜の飲用水にほぼ限られており，農作物の灌漑にはほとんど使用されない．

スーダンでは1983～1985年に230万人（全人口の10%）の人々が飢餓に直面したが，ウム・ルアバはその典型的な地方であり，以下の説明はKhogaliの1982年と1987年の現地調査に基づいている．

土地劣化と飢餓の原因となった政府の商品作物導入政策　この地方の農民が所有する耕作面積は2～18 ha，平均約4 haである．羊・山羊・牛とわずかにラクダも飼育されており，1農家が所有する家畜数は羊と山羊600頭，牛200頭ほどである．政府のなかば強制的な指導で商品作物が導入されるまでは自給作物だけが栽培され，食料不足の年のため余分の食料を残しておく慣習があり，主な現金収入はアカシア・セネガルから得られるアラビアゴムだけであった．

政府による商品作物栽培の奨励が始まったのは第二次大戦後である．奨励作物は地方ごとに異なっており，主な作物は落花生・ゴマ・ソルガム，ウム・ルアバ地方ではゴマが奨励された．ウム・ルアバ地方で換金作物の栽培が始まったのは，1950年代に西方約700 kmに位置するニヤラまでハルツームからの鉄道が延長されたことと，1960年に多数の深井戸と半深井戸が掘削されたときからである．最初，農民は政府のこの方針を受け入れることをためらった．商品作物からの収入が得られるまで必要な自給作物を購入する金がなかったし，さらに，確実に商品作物を栽培できる土地をもっていなかったからである．しかし，衣類や茶・砂糖などを購入できる現金の魅力に負け，次第に商品作物の栽培面積が拡大し，約半分の耕地で商品作物が栽培されるようになった．

その結果耕地を拡大するため，それまで地力を回復する休閑農法の休閑期間が

10〜15年間程度あったのに，次第に短縮され，地力の回復には不十分な5〜8年になってしまった．その結果，一番肥沃な表土が風や流水で失われてしまい，1983〜1984年の干ばつの頃までには食料が不足し，換金作物で得た金で食料を購入していた．また，燃料や商品としての木炭生産のため，樹木がアカシア・セネガルまで含めて大量に伐採されたことも土壌侵食を加速させ，土地劣化の一因となっていた．

1983〜1984年の飢餓の原因と対策 飢餓の主な原因は，1) 年降水量が約70 mmしかなかったため，農産物がほぼ全滅したこと，2) 害虫による被害，3) 自給生活時代に行われていた，非常時のために食糧を備蓄する伝統が絶えていたこと，4) 上記のような政府の商品作物奨励政策である．

この年の干ばつや飢餓により家畜の85%は死亡するか非常な安価で売られ，3分の2の人々はハルツームやポートスーダンなどの都市へ流出したと推定されるが，その多くは政府により追い返された．また，都市でも混乱が起き，1985年政府の対応に不満な民衆により政府は転覆された．

Khogali (1991)が指摘している商品作物導入に際して今後とられるべき対策は，1) 個々の農家は備蓄食料を用意する余力がないので，政府が年ごとに変化する食料生産量に対する対策をとる，2) 家畜肥料の利用や適切な農作物の輪作などを農民に推奨し，休閑期間を長くする，3) 農民へアカシア・セネガルを保護する奨励金を与え，土壌保護・土壌肥沃化を行う，4) 技術的・社会的な障害を取りのぞくプログラムを推進する，などである．

(2) 中央集権的政策の失敗

旧ソ連や中国などの社会主義国家や発展途上国など，中央政府の決定に従って地方での行政が実行されやすい国においては，この政策が沙漠化の素因となることが多い．中央集権的国家においては，しばしば国全体の利益を第一目的に政治が行われることが多く，この政治は必ずしも地方の利益と一致しない場合が多い．また，自然環境の改変を実行する場合，自然環境に詳しいテクノクラートの見解より政治家の判断が優先されることが多い．貧弱な生態系の乾燥地帯において土地利用を変える場合，このことを十分理解したうえで行わないと土地の劣化をもたらす．その劣化の因果関係は多様であるので，代表的な例を2，3示すことにする．

牧草を求めて季節ごとに広い範囲を移動する遊牧民の集団意識は「ある部

族の一員」であり，「国民」という意識はなかった．そのため，西アジアからアフリカにかけての歴史の新しい国の政府にとって，遊牧民は非常に統治しにくい集団である．まず第一に，新しい国家が成立しても遊牧民に国民意識がないので，しばしば政府の方針に従わないし，どの遊牧民がいつ・どこにいるかも正確に把握できないので，税金の徴収も十分に行われない．また，遊牧民の移動ルートを切断するかたちで国境が新しく引かれた場合が多いが，遊牧民はこの国境を無視して越えるので，それに伴い密貿易やスパイ活動が行われることがあり，これも政府にとって不都合なことである．そのため，政府はアメとムチ―家畜の水場として深井戸を掘る・学校や保健所の建設・逆に実力での国境封鎖など―で遊牧民の定着化をすすめた．水場周辺への家畜の集中，国境封鎖による移動範囲の縮小が沙漠化の直接の原因（誘因）である過放牧をもたらした例が多くみられる．

　社会主義政権の政策の失敗による沙漠化の代表的例は，旧ソビエト連邦が連邦成立直後に行った中央アジアの放牧地での住民の定着と放牧地の耕地化，さらには工業化政策がある．本格的にこの政策が実行されたのは1930年代である．その1例としてカザフスタンの場合を簡単に説明すると，ソ連邦成立直前のカザフスタンの遊牧民の数は，地域により差があり約40〜80％であった（Christodoulou, 1970）．ソ連邦の政策は耕作可能な放牧地を耕地化して遊牧民を農民化し，さらにロシアからの移住者を受け入れる方法であった．そのための方法としてとられたのが，学校や保健所などのサービス機関の建設，5年間の税金免除などであった．遊牧民はさまざまな抵抗を試みたが，最終的には一部の裕福な遊牧民は中国へ移動し，他は定住した．他の中央アジア地域でもカザフスタンとほぼ同じ経過をとり，広大な耕地が開発され，工業化も進んだ．

　この政策は初期には成功したかにみえたが，やがて狭められた放牧地での過放牧，耕地化された土地からの砂の移動や，塩類の集積など沙漠化が進行した．

■中国政府の移住政策による内モンゴルでの沙漠化

　ここでは康ほか (1998) により，内モンゴル，特に通遼市モリン・ソムにおけるケースについて説明する．

　内モンゴルにおける沙漠化の現状　内モンゴルでは1993年現在，総面積の64.57％が沙漠化の危機にあり，うち2割はすでに沙漠化している．土壌流出面積186,026 km²，耕地の5割以上で塩類集積がすすんでいる．この沙漠化の直接的な原因（誘因）は人口増加とそれに伴う過剰な農業開発である．しかし，沙漠化の根本的な原因（素因）は移住政策と，モンゴル独自の生態系を無視し，先住民に生業転換を余儀なくさせてきたさまざまな産業政策である．

　モリン・ソムの地理的・産業的位置　モリン・ソムは通遼(トンリャオ)市に属し，行政制度上は郷レベルの行政単位に相当する．位置は東経122°10′〜122°14′，北緯43°32′〜43°34.5′の間に位置している（図2-3-1, 2-3-2）．年平均気温5.3〜6度，年降水量350〜400 mm，年間無霜期間142〜144日であるが，気温や降水量の変化は大きい．

　1995年の総人口9171人のうちモンゴル族が4901人 (54.3％)，漢民族が4127人 (45.0％) を占め，通遼市では最もモンゴル族の割合が高い地区である．モリ

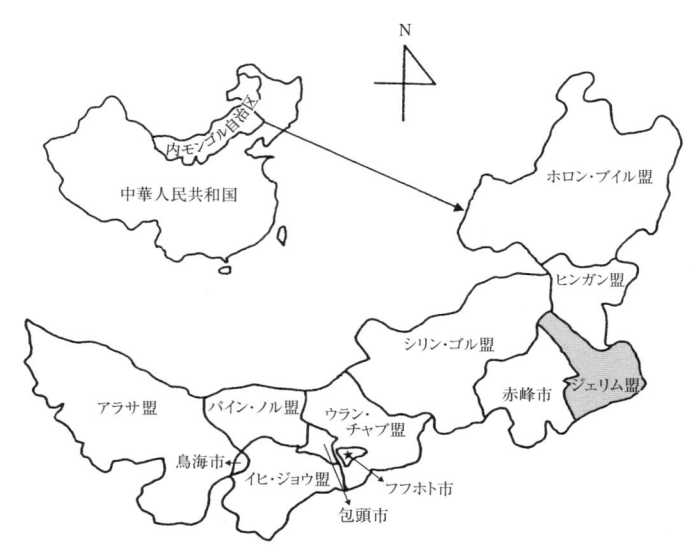

図2-3-1　内モンゴル自治区の地理的位置 (康ほか, 1998)

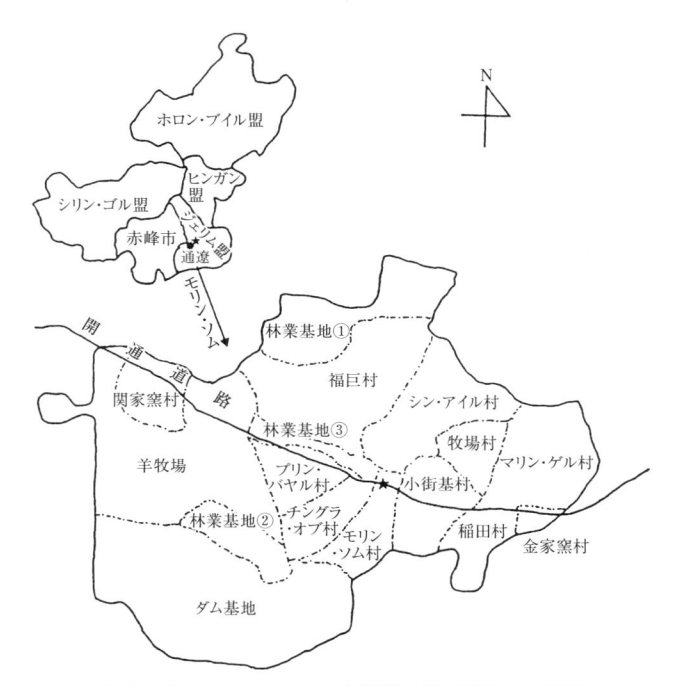

図 2-3-2　モリン・ソムの村落分布図（康ほか，1998）

ン・ソムの一人当り平均収入は通遼市農村地域の平均の約75％で，28行政区のうち下から3番目である．この低収入の原因の1つとして，地域の総面積の61％が沙漠化していることがあげられる．

モリン・ソムの人口変化と移住政策　図2-3-3は1918年から1995年までのモリン・ソムにおける人口変化である．モリン・ソムは1785年前後に廟が建てられ，1947年の共産党政権が成立するまでラマ教の中心地として栄えたところである．1918年のこの地区の総人口は約2250人であり，そのうち2000人前後がラマ僧であった．

1945年ごろから1960年ごろにかけてモンゴル人が急増した原因は，この地区の南東部の，降水量が多く豊かな放牧地のあるホルチン左翼後・中両地域で漢民族が急増し，放牧地が農地化されたため，放牧地を失ったモンゴル族がより乾燥しているモリン・ソムに移動したためである．1955年から現在までのモンゴル族の増加は自然増である．

中国社会主義政府は，政府成立直後から内モンゴル自治区へ多数の移住民を組

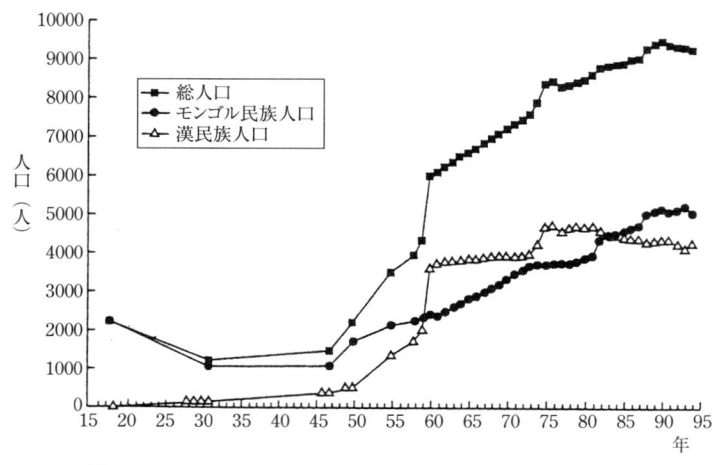

図 2-3-3　モリン・ソムにおける人口の推移（康ほか，1998）

織的に送り込んだが，その大多数は国営生産基地建設のためであった．モリン・ソムはジェリム盟の中でも自然条件が非常に優れた地域であったため，1950年代に，この自然条件のよいところに「林業基地」，「羊牧場」，「ダム」が建設された．この3つの国営生産基地の建設によって徴発された土地面積は計132.42 km²，地域の総面積の43.7%に達した．1961年における3つの国営基地の総人口は2753人であったが，この中に地元出身者はほとんどいなかった．またモンゴル族は192人（7%）で，ダム基地の場合362人中わずかに1人であった．その他の漢民族の移住者は「盲流」と呼ばれる，東北地区からの人達であった．盲流に悩まされた自治体は，彼らが稲作の経験があったため，彼らを水田耕作が可能なところに集め，「稲田村」が成立した．

表2-3-1はモリン・ソムの各村の形成時期と民族別人口構成であるが，この表からモンゴル族と漢民族が住み分けていることが理解できる．

モリン・ソムの生業構造変化と産業政策　18世紀末から1920年代にかけては廟の経営管理による牧畜業が非常にさかんな時期であった．1896年にジェリム盟南東部を通過する南満州鉄道が開通し，1921年には「鄭家屯―通遼線」が，1927年には「大虎山―通遼線」が開通した．そのため，漢民族の内モンゴルへの移住がしやすくなり，モリン・ソムでもシラ・ムリン河付近で農耕地が開発された．しかしその耕作の仕方は，春になると一定の土地を選び耕起せず種蒔きをし，馬を走らせ種を踏み込ませてそのままにしておき，秋に収穫する素朴な耕作方法であった．

表 2-3-1 モリン・ソムにおける各村の形成時期 (康ほか, 1998)

村名	形成年代	総戸数 (戸)	総人口 (人)	民族構成					
				モンゴル民族	(%)	漢民族	(%)	その他	(%)
(1)モリン・ソム村	1785 年	160	560*	489	87.3	69	12.3	2	0.4
(2)小街基村	1920 年前後	73	349	342	97.5	2	0.5	5	1.6
(3)関家窯村	1925 〃	294	1 178	145	12.3	1 022	86.5	11	1.2
(4)マリン・ゲル村	1930 〃	151	662	655	98.5	7	1.5	—	—
(5)金家窯村	1932 〃	109	352	74	38.5	273	60.0	5	1.5
(6)チラグン・オブ村	1932 〃	79	355	329	92.7	18	5.0	8	2.3
(7)ブリン・バヤル村	1933 〃	147	646	643	99.5	3	0.5	—	—
(8)シン・アイル村	1935 〃	160	655	634	96.8	21	3.3	—	—
(9)福巨村	1937 〃	1 176	674	655	98.5	19	2.5	—	—
(10)牧場村	1953 年	29	119	81	68.3	38	31.5	—	—
(11)林場 (国営生産基地)	1954 年	—	708	182	25.7	526	74.3	—	—
(12)羊場 (国営生産基地)	1957 年	—	1 422	403	28.3	1 019	71.7	—	—
(13)ダム (国営生産基地)	1959 年	—	739	178	24.1	561	75.9	—	—
(14)稲田村	1959 年	115	473	101	21.3	341	72.0	31	6.7
合計		2 378	8 892	4 911		3 919		62	

モリン・ソムの人口統計資料 (1994 年) により作成.
* モリン・ソム村の総人口の中には各行政機関の職員 (68 人) が含まれている.

　1947 年の共産党政権成立から 1981 年の経済の改革開放路線, いわゆる「生産請負制」が始まるまでの期間は「半農半牧畜時代」であった. 新政権の成立によって, 人民公社の発足などにより生産手段は公営化されたが, そのピークが 1950 年に建設された 3 つの国営生産基地である. 乾燥地帯で河の流れているところは最も豊かな放牧地であるが, ここに建設されたダムは放牧地を狭めただけではなく, このダムの建設の目的は工業用水・都市用水と他の地域の灌漑用水のためであったため, モリン・ソムにとっては無益な施設であった. またこの時期,「砂丘地での農業革命を進めよう」というスローガンのもとに農業開発がすすめられ,「国営羊牧場」でも途中から農業も開始されるようになった. このような過程で放牧地の縮小による過放牧, 塩分を含む地下水を利用した灌漑農業による塩類の集積, 砂丘地の耕地化により土壌侵食が始まった.

　モリン・ソムでは, 生産請負制は 1983 年から実施された. この制度は農民の生産意欲を高め, 1994 年の穀物総生産量は 1982 年の 4 倍近くに達した. 反面, 畜産産業は衰退の一途をたどった. 牧畜作業には厩舎や飼料調達施設など一定規模の生産基盤が必要なのに, 家畜だけでなくこれらの施設も分割され, 個人配分されたためである. 家族的経営では生活が成り立たなくなったため, 牧畜業が唯一の生産手段であった地域が農業中心の生産構造へと変貌してしまった.

モリン・ソムの自然環境劣化　モリン・ソム内の3つの国営生産基地の面積は43.6%を占める．にもかかわらず，この3生産基地の土地劣化については説明されていない．前節で国営牧場で過放牧が進行していると説明されているが，3生産基地での土地劣化に関するデータが得られなかったのであろうか．以下説明する土地劣化の状況は全面積の56.4%を占める11村についてである．

モリン・ソムでの進行は草地の劣化と塩類の集積である．11村の用途別土地利用の割合は牧草地58.8%，耕地24.7%，林地9.8%，その他6.7%であるが，産業別生産額は農業74.1%，牧畜業13.2%，林業3.8%，その他8.9%である．牧畜業の生産額が利用面積と比較して非常に低いが，その原因は次のような土地利用の仕方にある．降水量が少なく，冬季寒冷となるモリン・ソムの草地は5月から9月まで茂り，その後は枯草が土地の表面を覆った状態になるが，その根は浅く地表から数cmのところまでしか伸びていない．このような植物にとって降水量が少なくなるほど生育条件が悪くなる．1948年の社会主義政権成立以降，放牧地の農業開発が始まったが，その開発はもっとも肥沃な土地から順次すすめられた．その結果，放牧地が耕地になったため放牧できなくなった家畜も，土地が痩せ牧草が少ないところへ集められたので，家畜がすべての草だけでなく根まで食べてしまった．このような過放牧が20年以上も続き，各地に裸地が出現してしまった．モリン・ソムでは夏以外ほとんど強風が吹いているので，裸地や植物がまばらなところでは表面の肥えた土壌から順に風食を受け，痩せた土地が拡大する

表 2-3-2　モリン・ソムの塩類集積地面積 (康ほか，1998)

村名	塩類集積地 (畝)	開発可能な塩類集積地面積 (畝)			開発不能な塩類集積地面積 (畝)
		合計	水稲栽培	耐塩性作物	
関家窯村	4 500	400	400	—	4 100
プリン・バヤル村	1 500	500	500	—	1 000
チラグン・オブ村	500	500	500	—	0
モリン・ソム村	9 400	500	500	—	8900
小街基村	5 000	1 500	1 000	500	3 500
稲田村	5 000	2 000	1 500	500	3 000
金家窯村	9 600	1 000	500	500	8 600
マリン・ゲル村	6 000	1 000	1 000	—	5 000
シン・アイル村	3 000	600	600	—	2 400
福巨村	—	—	—	—	—
牧場村	2 000	100	100	—	1 900
合計	46 500	8 100	6 600	1 500	38 400

モリン・ソムの統計資料より作成．1畝 (ムウ) = 0.066 ha．

とともに，吹き飛ばされた砂が良質な農地に堆積し，農地を荒廃させている．また夏の雨はしばしば強雨となるため，水食をもたらしており，モリン・ソムは典型的な過放牧による沙漠化地域となっている．

　過放牧とともに沙漠化の大きな原因となっているのが塩類の集積であり，その面積は農・牧利用地の34.5％を占めている．モリン・ソムでは乾燥農業が不可能なため灌漑農業が行われている．前述のように1958年に大規模なダムが建設されたが，その水は域外で使用されている．そのため灌漑には地下水が使用されているが，この地下水には塩分が含まれており，また土壌にも含まれているため，毛管現象により耕地表面に塩類が集積し，放棄された耕地が拡大した．塩害のもう1つの原因は低地の耕地に灌漑すると塩分を含んだ地下水位が上昇し，湛水するウォーターロッギングである（表2-3-2）．

(3) アメリカ合衆国南西部における水対策の失敗

　先進国における土地利用に政府が直接介入することは多くないので，政府の政策の失敗による沙漠化は前述の(1)・(2)の場合と比較するとはるかに少ない．しかし，農産物価格に対する補助金の支給など，間接的な政策が沙漠化を拡大させることがある．また反対に，政府が土地利用の仕方に介入しないことが沙漠化を引き起こすことがある．先進国の土地利用に対する政策は多様であるから，ここでは1例としてアメリカ合衆国南西部における水利用について簡単に説明する（Beaumont, 1989 他）．

　アメリカ合衆国南西部における主な水源は，コロラド川と自由地下水である．合衆国南西部の地形は，落差が5000 mに達し南北方向に走る大断層が並行して走っており，しかも西になるほど断層運動が新しい．そのため，カリフォルニア州南東部のデスバレー付近では標高3000 mを越す険しい山脈が走り，盆地の面積は狭いが，東のアリゾナ州南西部になると山地は小さく低くなり，反対に盆地はつながり，valleyと呼ばれる大規模な平原が発達している．この平原には層厚1000 m程度の固結していない砂礫層が堆積しており，この堆積層の中に大量の自由地下水が存在する．

　コロラド川の主な水源はロッキー山脈に降る雨雪である．にもかかわらず，下流部でコロラド川の水を利用するインピリアル平野や，国境を越えたメキシコで塩害がひどくなっている．原因は2つある．コロラド台地の地層には

層厚1000mを越える砂岩層が介在しており，この砂岩層からコロラド川の支流へ流出する地下水には塩類が含まれていること，上流部で灌漑に使用され，塩類が濃縮された水がまたコロラド川へ返流され，この繰り返しのため，下流になるほど塩類濃度の高い水を灌漑に使用することになるためである．この上流州と下流州・上流国と下流国の利害の調整には，連邦政府の介入や国際間の交渉が必要であるが，その調整が十分成功しているとはいえないのが現状である．

　アリゾナ州には人口約250万人のフェニックスと人口約100万人のツーソンの二大都市圏が存在し，前者で使用される水の半分，後者の場合は全量が地下水である．しかし，この二大都市圏で使用される水は全地下水使用量の約10%であり，90%は灌漑用水として使用されているため，周辺山地の降水による再補充量よりはるかに多くの地下水が使用されてきた．そのため，地下水位が低下してきて井戸が枯れ，放棄せざるをえない耕地が出現したり，幅最大10m，深度100mに達する地割れが出現し，この地割れで切られた河川はこの地点で流水が地下に消えてしまっている．また，地盤沈下も各地で発生しているが，水利慣行には100年以上の歴史があるため，州政府の調整は手間取っている．

第2部 沙漠化の誘因

4 過伐採

　沙漠化が進行している乾燥・半乾燥・乾燥亜湿潤地域のうち，過伐採が沙漠化の主要な原因となっている地域は，樹木が大量に燃料として使用されているところである．そのため，過伐採が沙漠化の大きな誘因となっている地域は限られている．アメリカ合衆国やオーストラリアなどの先進国の乾燥地帯では，薪炭は主要燃料ではない．中央アジアからモンゴルにかけての高緯度に位置している乾燥地帯は，冬季非常に低温になるため，樹木の生育が悪く，主要燃料は家畜の糞である．インダス川から地中海東岸にかけては樹木がほとんど成長しない乾燥地帯が広い面積を占めている．以上の地理的特徴から，過伐採が沙漠化の大きな原因となっている地域は，南アフリカを除くサハラ以南のアフリカとインドの乾燥地帯である．

　前述のように超乾燥地域では，植物はほとんど生育していない．乾燥地域は草原となっているが，降水量が多くなると非常に疎らに樹木も生育している．半乾燥地域になると草地に灌木や疎林（open woodland）がみられるようになる（写真2-4-1）．降水量が多くなるにつれて樹木が多くなり，乾燥亜湿潤地域では森林（forest）と表現されるところもみられる．これらの地域の樹木は，幹は燃料・建築用材など，葉や種子は飼料として重要な役割を果たしてきたが，人口の急増や不適切な土地利用によって急速に減少している．乾燥地帯の樹木は成長が遅く，日本の薪炭用雑木が20〜30年ほどで成木に生長するのに対し，数十年から100年近くかかる．そのため，元来，燃料としては主に枯木が利用されていた．枯木の方が集めやすいし，よく燃える．また生木を燃料とする場合，幹を切らず，枝を間引くように切り，樹幹を残していた．

写真 2-4-1 カメルーン北部（半乾燥地域）の疎林

写真 2-4-2 車で通過する都市住民相手に販売される薪―カメルーン北部のマルワ郊外

　ところが，人口の急増，特に都市人口の急増に伴って枯木や灌木だけでは需要に耐えられなくなり，また都市での薪炭の需要は農村に現金収入をもたらすため，生木が多量に伐採されたのである（写真 2-4-2）．Camp (1992) によると 1850 年以降，北アフリカと中東では森林の約 60％，南アジアでは

表 2-4-1 アフリカの一部諸国の植物エネルギーの使用割合 (Kgathi and Zhou, 1995)

国名	総エネルギーに占める生物エネルギー (%)	国名	総エネルギーに占める生物エネルギー (%)
*ボツワナ	58	ルワンダ	97
ブルンジ	95	*セネガル	61
*エジプト	28	セイシェル	9
*エチオピア	94	*ソマリア	86
ガンビア	75	*スーダン	95
ガーナ	63	タンザニア	97
*ケニア	86	*チュニジア	27
モーリシャス	46	ウガンダ	95
*モロッコ	13	コンゴ	86
モザンビーク	94	*ザンビア	63
ナイジェリア	82	*ジンバブエ	43

*印の国は国土の大部分が乾燥地帯に含まれている国．エジプト・モロッコ・チュニジアなど，超乾燥地域・乾燥地域の割合が大きい諸国では植物エネルギーの割合が小さい．

43%が破壊された．また，Schulte-Bisping et al. (1999) によると，先進国では，使用されるエネルギーのうち植物エネルギーがしめる割合は約3%にすぎないのに対し，発展途上国では30%を占めており，特にサハラ以南の国では家庭で使用されるエネルギーの50〜95%が生物エネルギーとなっている (Mearns, 1995)．国ごとの全使用エネルギーに占める植物エネルギーの割合を明らかにした文献は限られているが，表2-4-1はアフリカ諸国のデータである．

樹木減少の最大の原因は，エネルギー源としての燃料に使用されることであるが，降水量が比較的多い乾燥亜湿潤地域では，耕地開発のため大規模に伐採されたところもある．沙漠化可能地域全域についての文献を入手することはできなかったが，Grainger (1990)，Soussan et al. (1990)，Kgathi and Zhou (1995) などにより，アフリカにおける過伐採の状況とその対策について説明する．

(1) アフリカにおける過伐採

表2-4-1はアフリカの主な国のうち，沙漠化がすすんでいる国とそうでない国における全エネルギーに占める生物エネルギーの割合であるが，2つのグループの間に大差はない．また10年前の割合と比較してもほとんど変化

表 2-4-2 南部アフリカの一部諸国の使用エネルギーに占める薪炭の割合（%）(Bhagavan, 1984)

国名	薪炭	新しい燃料*
アンゴラ	77.3	22.7
ボツワナ	56.1	43.9
レソト	78.5	21.5
マラウイ	94.3	5.7
モザンビーク	89.1	10.9
スワジランド	60.0	40.0
タンザニア	91.4	8.6
ザンビア	58.3	41.7
ジンバブエ	52.0	48.0

* 石油・ガス・電気・石炭など．

していない（表 2-4-2）．

　生物燃料の大部分は薪炭であり，残りのほとんどは家畜の糞とワラなど農作物の残余である．モンゴルから中央アジアにかけてや西アジアなど樹木の生育していない地域の牧畜民やインドの農村では，家畜の糞が主要な家庭燃料となっているが，サハラ以南の乾燥地帯では疎林が分布している範囲が広いので，薪を燃料としている牧畜民が多く，家畜の糞をまったく燃料としない牧畜民もいる．

　1) **家庭用燃料**　薪炭は主に家庭用燃料として使用されており，他にも学校などの公共用，小規模な工場で使用されている．家庭用燃料の主な使用目的は料理であり，暖房と明かりは料理用の副次的利用となっている．しかし南アフリカやボツワナなど冬寒い国々やケニアなどの高地では暖房用に多くの薪炭が使用されている．

　1人当りの薪炭の使用量は国によって，また同一国内でも地域によって大きな違いがあり，需要と供給のバランス，収入，家族数，気候条件などで異なる．農村部では薪を使用する割合が大きいのに対し，都会では炭を使用する割合が非常に大きくなっている．これは炭の方が薪より単位重量当り大きい熱量があるためと，生産地からの運搬費用が安くなるためである．

　過伐採の最大の原因は急速な都市人口の増大である．農村では人口が増大しても，人口密度が小さいため，樹木が減少する割合は小さい．ところが都市での人口の急増は大量の薪炭を都市周辺に求めることになる．また，後述

表 2-4-3 薪 100 kg で生産できる在来工業製品
(Kgathi and Zhow, 1995)

国名	生産量
マラウイ	タバコ 6 kg
コートジボアール	魚の燻製 66 kg
ブルキナファソ	伝統的ビール 100 リットル
ジンバブエ	伝統的ビール 123 リットル
ジンバブエ	レンガ 108 個

する工業用燃料にも使用するため,都市周辺では広範囲にわたって樹木が消えてしまい,ニジェールの首都ニアメイやザンビアの首都ルサカ周辺では半径数十 km にわたり樹木がほとんど残っておらず,スーダンの首都ハルツーム周辺では実に半径 100 km にわたって樹木が消えてしまっている.

2) **小規模工場用などの燃料** 工業用燃料として使用される主な目的は,煙草の生産,茶の生産,魚類の燻製,ビールの醸造,煉瓦の製造などである(表 2-4-3).煙草工業は薪炭燃料を使用する代表的な工業である.タンザニアでは 1 ha の畑で生産される煙草を製品にするのに必要な燃料は森林約 1 ha 分と計算されているし,マラウイでは,薪炭燃料の 23% が煙草産業に使用されている.タンザニアでは茶の葉の乾燥に年間 4 万 3600 m³ の木材が使用されているが,ジンバブエでは薪炭燃料を石炭に代えている商業的農民もいる.

家庭用・工業用以外の目的としては,ホテルやレストランでの料理用,学校や病院の熱源として使用されている.タンザニアのダルエスサラームではレストランと病院で年間 14 万 8800 トンの木炭が使用されている.

3) **耕地開発** 農地開発のための伐採は,薪炭用の伐採より徹底的に行われる.人口が急増する発展途上国では疎林の耕地化が進められており,ブルキナファソでは毎年 5 万 ha,セネガルでは 6 万 ha が耕地化されてきた.またモザンビークやタンザニア,ジンバブエでも毎年数万 ha の疎林が煙草畑として開発された.疎林が耕地化されても,耕地の管理が行きとどいていれば沙漠化はおきない.しかし降水量が減少して耕地が放棄されてしまうと,裸地になっているため風や流水による土壌侵食が急速にすすむ.その結果,降水が回復しても肥沃な表土が失われているため,再耕地化する際さまざま

な困難を伴い，回復が不可能な時には耕地は放棄され沙漠化してしまう．

(2) アフリカにおける過伐採対策

過伐採に対する主な対策としては，薪炭の消費の抑制と植林の2つの方法がある．薪炭消費が急増する最大の原因は，都市人口の急増である．農村の人口も急増しているが，人々は広い範囲に分散して生活しているので，樹木の減少はそれほど急速ではない．これに対し，都市は独立後その数が増大するとともに規模が拡大し，都市に近い農村部から順次疎林は商品として伐採され，無樹木地帯が急速に拡大してきた．

1973年の第一次石油危機までは原油価格が1バーレル (159リットル) 当り2～3ドルで推移し，灯油が安価で入手できたため，都市部での燃料の主流は石油ストーブであった．しかし第一次石油危機後1バーレル当り11～12ドルに急騰したため，相対的に価格が安くなった薪炭に燃料を変える都市住民が続出し，1979年の第二次石油危機で1バーレル当り30ドルを超えて以降，大多数の都市住民は灯油を使用しなくなった．その後，原油価格は絶対的・相対的に低下したが，相変わらず薪炭が主要燃料として使用されている．

1) **薪炭の消費量を減少させる対策**　この方法での対策としては，ストーブの普及と都市に搬入される薪炭に税金をかける方法がある．サハラ以南での一般的な「かまど」は石を3つ置くだけのものである．そのため1970年代の中頃から，熱効率を2倍以上に高めることを目標に，ストーブの普及が「NGO」を中心にすすめられてきた．しかし，初期には熱効率のよいストーブが作成されず価格も高かったため，助成金を支給するプロジェクトが終了すると使用されなくなることが多かった．しかし改良が加えられ，目的に応じ種類も多様化したため，1980年代中頃から広く普及してきた．

ストーブはおおむね2つに分類できる．1つは主に農村で使用される薪を燃料にする粘土でつくられた「かまど」で，指導を受けると主婦でもつくれる簡単な構造である．粘土を円形か方形に固め，上部を狭め，鍋ややかんを乗せる鉄棒でつくった台をセットした型と，煙突をつけ鍋ややかんを直接のせる型がある．節約される薪の量はつくり方の技術の差，大きさなどが影響

しているのであろうが，30〜70％の数値が報告されている．他のもう1つは主に町で使用されているもので，金属か陶器でつくられており，炭を燃料とし持ち運ぶことができる大きさである．ニジェールの首都ニアメイではストーブの普及をはかるため，薪炭を町に搬入するとき税金をかけたとの報告もみられる．

2) **自然林の改善管理**　都市で消費される薪炭が自然林から供給されているところでは，この自然林を保護するという認識なしに「乱伐」されている．コストに原木代が入らないため価格競争に強く，乱伐された樹林が都市周辺から拡大していった．その結果，農村部に深刻な影響を与えるとともに，都市で容易に入手できる燃料を困難にしかねない状態になっている．このような乱伐を防ぐためには，国が直接自然林を管理する方法は不適切である．多くの国で，農村共同体が伝統的に行使してきた自然林を利用する権利を政府が認めないため，林務官と農村共同体との関係が非常に悪いからである．

自然林を最も適切に管理するためには，中央政府が農業共同体へ，自然林資源の管理と開発をする権利を保証し，支配権を任すべきである．農村共同体は伝統的な知識と外部から取り入れた技術を組み合わせ，自然林を適切に管理することができるからである．このやり方は官僚にとって愉快なことではないが，官僚は地域住民を信頼し，彼らの伝統を利用しなければならない．そうすると多くの地域でみられる自然林の略奪を防ぐこともできるからである．

3) **用材の副次的利用**　副次的に燃料として利用できる用材としては，樹林の耕地化やダム建設などで伐採される樹木，建築用材などには使用できない枝や頭部などである．これらの副次的用材を利用することの利点は，コストが安いこと，伐採用材に付加価値がつくため伐採者の収入が増大すること，不要物として片付ける費用がかからないことなどであり，小規模な業者に適した作業といえる．反面，この副次的利用にはさまざまな制約がある．副産物が出る場所が散在しているため集中的に利用できないこと，安定的な供給が困難なこと，これらが原因となって専門業者になるものが少ないことなどである．にもかかわらず，もし都市近郊でこれらの副産物が確実に供給できるならば，燃料供給の重要な手段として重視していかなければならない．

4) **都市周辺部での造林**　都市での薪炭の需要が急増し，価格が上昇したため，国の事業として都市周辺部で大規模な造林を実施した国が多くあったが，これらの造林のほとんどは成功していない．造林には費用がかかるから自然林からの薪炭に価格競争で勝てないこと，農地などとして利用する場合と比較して生産価値が低いこと，官僚主義の弊害が大きいことなどである．大規模造林と比較して，農民による小規模な造林は注目されなかったが，最近になって関心をもたれるようになってきた．農民による小規模造林にもさまざまな問題があるが，最大の問題は収益の大きい農産物栽培との競争にいかにして勝つかという点である．また，輸送・市場への有利な出荷やインフラストラクチャーに限界があること，土地をもたない農民や母子家庭に許されている伝統的な土地利用権と衝突することなどである．このように都市周辺部での造林は，大規模な場合でも小規模な場合でもさまざまな問題がある．しかし，それぞれの地域事情に応じて実行する価値のある対策である．

5) **薪炭から商的燃料への転換**　薪炭は最も好まれていない燃料であるにもかかわらず，最も広く使用されている燃料である．1980年中頃から原油価格が低下し，商的燃料（commercial fuel；灯油・ガス・電力）と薪炭の価格に差がない，あるいは薪炭の価格が高いときでも薪炭が最もよく使用されている．その最大の原因は薪炭の供給が一番安定しているからである．また，商的燃料を使用する場合，最初にその使用設備にまとまった金が必要なことも，商的燃料を使用することを妨げている．このことから明らかなように，薪炭から商的燃料へ変換するためには，インフラストラクチャーを整備し，商的燃料を安定的に使用できるようにすることが重要である．この対策はそれぞれの地域に適応した方法で実行しないと成功しないので，画一的な方法は避けなければならない．

■ザンビア中央部，ムヤマ保安林における過伐採

　ここでは Kajoba and Chidumayo（1999）により，ザンビアにおける過伐採の概要とムヤマ保安林における過伐採の様子を説明する．

　ザンビアにおける森林政策　この国の森林政策は他の発展途上国と同様，植民

地政策の一環として 1) 洪水・土壌侵食・乾燥に対する保全，2) 輸出用林の安定供給，3) 地域住民の生活に必要な用材の提供，4) 多様な動・植物の保護，を目的に行われてきた．しかし独立後，この政策が伝統的な慣習を十分考慮していなかったこと，人口の急増，干ばつの影響で過伐採が始まった．ザンビアの人口は1963年350万人であったが，1990年には780万人に増加した．

ザンビアの森林面積は7万3200 km^{2}であるが，過伐採が進行しており，保安林だけをみても耕地化や用材・燃料用のための伐採で3.2%はまったく消滅し，16.2%は蚕食されている．

ムヤマ保安林周辺の自然的・社会的条件　面積3万haのムヤマ保安林の年平均降水量は957 mmで，乾燥亜湿潤地域に位置している．土壌は砂質の酸性で，トウモロコシや他の穀物栽培，家畜飼育に適している．

ムヤマ保安林は，行政的には首都ルサカに近接した中央省チボンボ郡に属している（図2-4-1）．チボンボ郡の人口は不明であるが，1990年のムヤマ保安林周辺の人口は図2-4-2のとおりである．1996年度の農産物生産額はヒマワリの種子280.6トン，落花生990.8トン，トウモロコシ2万5193トンであり，これは中央省全体の生産額のそれぞれ71.8%，40.3%，29.0%に相当する．

調査方法と調査結果　1) 1982年・1988年・1998年に撮影された写真と土地利用図，1998年10月11日に行った現地調査により，伐採状況を確認した．2) ムヤマ保安林西区の20の村で聞き取り調査を行った．3) 102人の移住者（うち7人は定住グループの指導者）と，森林の管理と森林対策について話し合った．

保安林への最初の定住者として，1976年25家族が非合法に定住したため，営林署は指導者の息子を刑務所へ入れたりして追い出しをはかったが成功せず，結局定住してしまった．移住者の大部分は1994年以降に移住してきたものである（図2-4-3）．

保安林への移住目的は森林を耕地に変えて定住することであり，耕地化のために伐採された用材は製炭・販売され，代金は種子や肥料の購入に当てられた．移住者の出身地の割合は27%がリテタ病院付近の村，34.4%がチボンボ郡である．前者の1 km^{2}当りの人口密度は94.59，後者のそれは57.22で，ムヤマ保安林周辺の人口密度よりはるかに高く，人口が過密なことが保安林への移住を促したと推定される（図2-4-2）．残りの18.1%は南省から，20.5%は都市部からの移住者である．

サンプルを取った移住者の部族構成は多様で，ザンビアの12の部族を反映している．そのため，この保安林の移住者は「ザンビアの小世界」をなしている観がある．主要部族は38.6%を占めるレンジェ族で，この部族と同族のトンガ族は

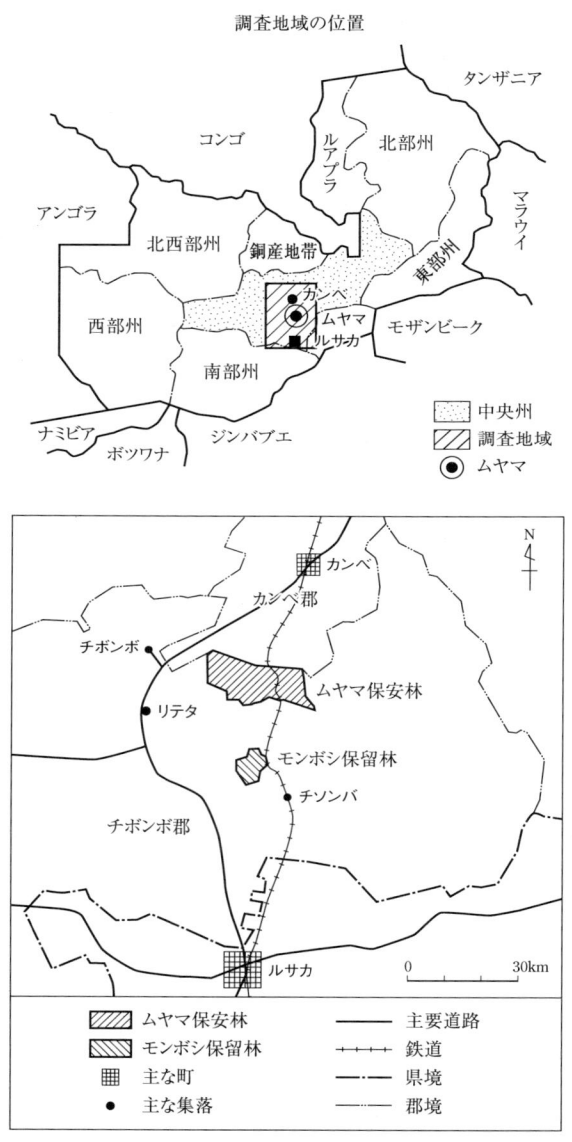

図 2-4-1 ザンビア，ムヤマ保安林周辺地域の概要図 (Kajoba and Chidumayo, 1999)

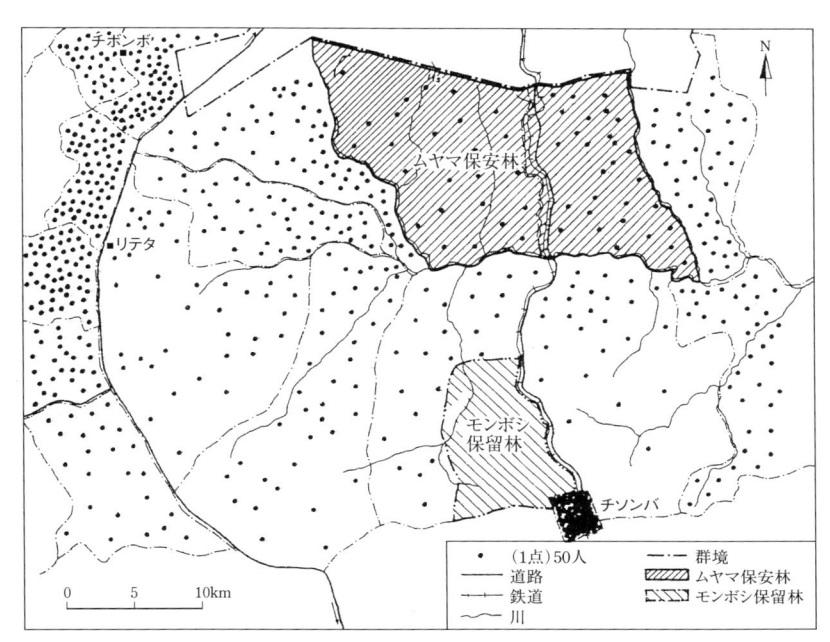

図 2-4-2　1990年におけるムヤマ保安林とその周辺人口 (Kajoba and Chidumayo, 1999)

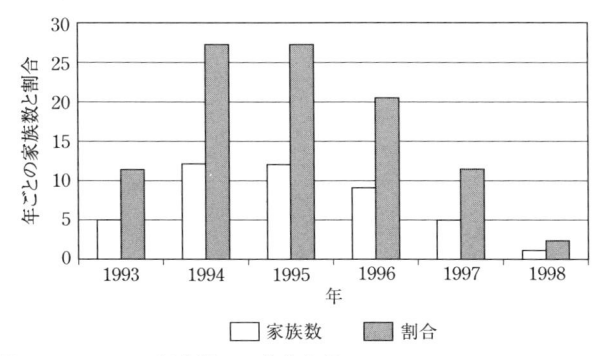

図 2-4-3　ムヤマ保安林への移住者数 (Kajoba and Chidmayo, 1999)

25.0%を占める．主要部族の生産年齢は50歳以下で，一家族平均子供数は5.6人である．これら大家族はより多くの穀物を商品としてではなく食料として必要としており，この保安林の耕地化をすすめているのである．

移住の手続きは非常に整然と行われる．この保安林に来た人たちは Chief Liteta[注3] と交渉したのち，この保安林に定住することが許可される．その後この Chief は 10 人の Chief からなる「土地配分委員会」に定住者に関する決定をゆだねる．土地配分委員会は丘陵，小川，耕地化しやすい川沿いの低地など，自然条件を考慮して移住者をそれぞれの村に配分する．移住者は村の土地の配分権限をもっている村長と交渉することになるが，この手続きは整然と行われる．この伝統的な権限は移住者に非常に尊重されているからである．

70.5％は 5 ha 以下の開墾地を所有し，トウモロコシ，トマト，落花生，綿花，ヒマワリなどを栽培しているが，彼らは未耕地の配分地を持っている．約 30％の移住者は 10〜11 ha の耕地を所有しているが，意欲的な移住者はさらに広い耕地を所有している．たとえば，30 人の子供を持つ退役軍人は 11 カ所に 400 ha の耕地と 700 ha の未開拓地を所有している．

以上の調査結果から Kajoba and Chidumayo (1999) は，ムヤマ保安林が開墾により蚕食されていくことは非情に深刻な問題であり，森林保護と農地拡大の必要という矛盾を伴っていることを指摘するとともに，このような現象はアフリカ各国やインドなどでもおきていることを文献を引用して紹介している．そしてこの矛盾を解決する方法は，すでに各国で一部行われている，個人・地域社会・国の協力による資源管理が有効であろうと指摘している．

■インド，ラジャスタン州における植林活動

ここでは Society for Promotion of Wasteland Development (1990) により，インドのラジャスタン州における植林活動について説明する．

対象地域の自然的・社会的環境　対象地域のジャワジャ行政区はラジャスタン州アジメール郡に位置している（図 2-2-7）．アジメール郡は北東―南西方向に走るアラバリ丘陵に位置しており，ジャワジャ地区はアジメール郡の中でも，最も貧しい地区の 1 つである．冬の月の最低気温 1〜3℃，夏の月の最高気温 43〜46℃，年平均降水量は 500 mm であるが，年により 150 mm から 1001 mm まで変化し，蒸発散位（最大可能蒸発散量）が降水量より多い典型的な半乾燥地域である．

ラジャスタン州（面積 35 万 km²）の半分以上の土地が沙漠化のため荒廃し，土地劣化は周辺に拡大しているが，ジャワジャ行政区も同じ状況にある．ジャワジ

注3）　この用語は Kajoba and Chidumayo (1999) で説明なしに使用されているので，具体的な性格は不明である．保安林の西方に Liteta の集落があるので（図 2-4-2），ここの首長かもしれない．

ャ行政区の村数は198，人口約10万人で，この地区の総面積は5万8500 ha，うち農耕地が2万4800 ha，非農耕地が2400 ha，森林省により所有・管理されている土地が7300 ha である．農耕地として区分されている土地の広い範囲が，干ばつか洪水の被害をしばしば受けるところである．南部の低起伏の丘陵地は，牧草も他の植物も欠く荒地が広い範囲にわたって拡大している．

このような状況にあっては，灌漑設備を充実させることが不可欠である．しかし，現実には貯水池や井戸からの灌漑設備はほとんどないうえ，しばしば発生する少雨のときには，70～80%の貯水池と井戸は涸れてしまう．少雨のときには，非灌漑耕地だけでなく灌漑耕地にも大きな被害がもたらされる．反対に豪雨が降るとU字状の地形のため，広い範囲にわたって洪水災害を受ける．また気象災害もしばしば発生し，異常低温になると霜害のため小麦，ヒヨコ豆が大減収となり，反対に異常高温になると熱風のため苗木が枯れてしまう．

厳しい自然条件による打撃に加えて，品種改良されていない10万頭以上の牛・山羊・羊などの家畜が植物を荒廃させている．増え続ける家畜のため，大部分の丘陵地は裸地となっており，わずかに残った樹木も燃料や飼料にするため切り倒されたり，枝を切り落とされている．

植林活動開始のきっかけ　植林活動開始のきっかけは，1975年にアーメダバードにあるインド経営研究所が，インド社会科学研究協議会からの研究費により，農村地域での教育システムの改革に取り組み，ジャワジャ行政区がこの改革地域に選ばれたことにある．具体的には，学校で生徒たちに手織り機の操作，革製品の製作，トマト栽培の技術を身に付ける教育が行われた．最初指導者は外部から派遣されたが，次第に教師たちが熱心に指導するようになり，この活動は「ジャワジャプロジェクトグループ（JPG）」と呼ばれるようになった．この活動は成功したが，限られた範囲にしか影響を与えなかった．しかし，この活動を通して，人々の社会・経済的生活が直面する諸問題をより深く理解することが必要なことも明らかになった．そのため非公式な教育センターが開設され，教師は村民から選ばれた．このセンターは読み書きを教えるのが目的ではなく，村民が日々直面するさまざまな問題を討議することを目的としていた．政治・経済・社会的活動など，何事も上部機関の指導で行うことが慣行となっているため，このセンターの活動が受け入れられ，普及するまで（現在26カ所開設）4年近くかかった．そして，このセンターが地域の重要条件を決めるのに主導的な役割を果たすようになった．そして，植林活動もこのセンターの主導によって実行されることになったのである．

植林事業の実行　JPG は NGO である「荒廃地開発促進協会（SPWD）」と協力して，次のような作業を実行することにした．

1) 人々が苗木を入手しやすいように，苗木畑を分散し，3～4 カ村に 1 カ所の割合で設置する．2) 不法な樹木伐採から丘陵を保護する地域共同体を助成する．3) 種子を集め，選別して丘陵に植える生徒のグループを組織する．4) 果実や飼料を沢山得られる樹種を接木する．

そして植林を実行するに当たって，JPG と SPWD は過去の例からこのような事業によって得られる利益は少数の有力者によって横取りされることを知っていたので，次のような方法で実行した．

1) 苗木の育成などに従事する低所得者層の人たちに，他の仕事よりわずかに高い賃金を直接渡し，地域の労働事情に影響を与えないようにする．2) たとえば糞を苗木に与えるなど，労働力を提供する人たちだけに苗木を渡し，低所得者がこのプロジェクトに参加できるようにした．3) 私有地には各家庭で消費される燃料用の樹種がほぼ必要量だけ植樹された．4) 村有地には商品となる樹種を植林し，その利益は村民に平等に配分することが植樹前に決定されたが，対応は村によって異なった．そのため，全家庭で植林し利益を平等に配分することを決めた村，村有林を各家庭に平等に配分し，その利用は各家庭に任せた村，総意が得られなかった村などさまざまであり，結局表 2-4-4 のような結果になった．

この植林事業は継続中であるが，1984 年と 1985 年に実行された植林についての 20 年間の費用と利益は，表 2-4-5 のように見積もられた．

費用　この表の金額は 1984 年の市場価格が変化しない，との前提にたっている．項目 10 の拡張に必要な費用は，プロジェクトに参加している教師・非教育施設の教師・苗木畑で働く林務官の給料，事務所や施設費用などである．項目 11 の年間操業費用は植樹・つぎ木の費用，土壌改良費，除草にかかる費用である．項目 12 の管理費用は SPWD スタッフや施設に関する費用である．

表 2-4-4　植樹活動の成果（SPWD, 1990）

活動内容	1984	1985
苗木畑の数	18	30
植えられた若木の数	200 000	300 000
参加した村数	75	125
植樹に参加した人数	2 023	5 797
根づいた若木の数（推定）	100 000	150 000
コミュニティ活動で保護された範囲（ha）	50	100
学童が種子を植えた面積（ha）	10	30
接木の本数	—	2 000

表 2-4-5　プロジェクトによる収支（SPWD, 1990 を簡略化）

細目	年						
	0	1	2	3	4	5	6〜20
収入							
A．直接利益							
1．樹木からの収益	—	—	—	—	90 000	230 000	270 000
2．果物からの収益	—	—	500	2 000	3 000	4 000	4 000
B．間接的利益							
3．家庭労働の負担軽減	—	—	—	—	262 160	670 490	699 500
4．土壌侵食の減少	—	11 760	44 520	77 280	110 040	142 800	163 800
経費							
5．訓練	425	1 990	—	—	—	—	—
6．苗木畑の費用	57 200	102 396	—	—	—	—	—
7．植樹費用	106 470	153 045	—	—	—	—	—
8．種子を植える費用	3 000	16 500	—	—	—	—	—
9．接木費用	—	182	—	—	—	—	—
10．拡張に必要な費用	29 900	39 975	30 521	30 521	30 521	—	—
11．年間操業費用	64 000	134 000	89 000	59 000	14 000	14 000	14 000
12．管理費用	19 100	17 771	6 198	6 198	6 198	—	—

単位はルピー．

利益　Aの直接利益は，①5年目から枝打ちなどで得られる年間1本当り0.5〜2 kgの燃料材からの利益と，②2年目から収穫される果実からの利益である（2年目の収穫量1本当り0.25 kg，3年目の収穫量1 kg，4年目の収穫量1.5 kg，5年目以降の収穫量2 kg）．

Bの間接的利益は，③すぐ近くで燃料用材が得られるようになるため，現在薪集めのために必要な労働力が不必要になる労賃相当金額．60 kgの燃料材を集めるのに必要な労力を7労働日とすると，4年目に2万6216労働日，5年目に6万7049労働日，6年目から6万9950労働日が節約できる．④土壌侵食が減少することによる利益．土壌侵食により失われる表土層が減少する割合を1・2・3・4・5年目それぞれ5・10・15・20・25%，6年目以降30%とする．プロジェクト開始前に失われていた表土層は1 ha当り8トンで，プロジェクトで植林された総面積は390 haである．表土層の流失による損失額は正確にはわからないが，買わなくてもよくなる肥料代に換算してある．

5　過放牧

　UNEP (1991) の資料によると，過放牧による沙漠化面積は全沙漠化面積の93%である．この割合は沙漠化可能地域の自然環境を反映している．牧畜が可能な地域（乾燥地域）と安定した牧畜が可能な地域（半乾燥地域）の合計面積は，沙漠化の可能性がある面積の74.9%を占めており，安定した乾燥農業が可能な地域（乾燥亜湿潤）でも多くの家畜が飼育されているからである．

(1)　牧畜の諸形態

　自然牧草を飼料とする牧畜が過放牧の原因であるが，その形態は1) 遊牧などを含む本業が自給を目的とした伝統的牧畜と，2) ヨーロッパ人が畜産品から収入を得るために植民地で始めた企業的牧畜に区分できる．自給的牧畜と企業的牧畜では放牧方法が異なるため，沙漠化の発生・進行等に違いがみられるので，区別して説明することにする．

(2)　伝統的牧畜

　伝統的牧畜は，人間と家畜全員が移動する完全遊牧から，農業を主とし家畜飼育を従として，家畜を耕地の周辺に放牧する定着牧畜まで，その家畜の飼育形態は多様である．定着牧畜と遊牧を区別する明確な基準はないが，固定した家屋をもち，女・子供・老人はその家屋の周辺で農耕し，男が家畜と一定期間移動する生活形態から遊牧に分類する（部分的遊牧）のが妥当であろう．

　飼育される家畜は草食性の有蹄類で，群居性のあるラクダ・山羊・羊・馬・牛・ヤクであり，五畜と呼ばれている（ヤクは牛に含まれる）．それぞれの家畜は飼育されている地方によって種類が異なるため一概に言えないが，上記した順に乾燥に強い．ラクダと山羊は乾燥に強い有刺植物を食うことが

でき，飼育地域・品種により差があるが，ラクダは夏でも4～5日程度，山羊は2～3日程度水を飲まなくても生存できる．また，五畜は植物の食い方が違い，山羊は低木に登って葉や小枝を食うことができる．湿潤地帯では草の根が残っていると芽を出すが，乾燥地帯では葉の部分が食われると根も枯れてしまうことが多い．そのため，葉の部分を全部食う山羊・羊を無秩序に放牧すると裸地化しやすい．これに対し牛は前顎に歯がなく，舌で草を巻き取るようにして食うため葉が残りやすい．

遊牧民は降水量，干ばつ，雪害などの自然条件の変化，男・女に飼育が適した家畜などさまざまな条件に適応するために，複数の種類の家畜を飼育しているが，地方によって家畜構成に違いがある．

羊と山羊，特に羊はほぼ全域で飼育されている．モンゴルから中央アジアにかけてのより乾燥しているところでは，フタコブラクダ（写真2-5-1）が重要な家畜である．降水量が多くなると馬の比重が大きくなり，良質な草が生えているところでは牛の数が多くなる．他の地方では，馬は乗用として飼育されているが，この地方ではミルク・肉も食料として利用されている．

インド西部からサハラ沙漠北縁，ソマリアからケニア北部にかけてはヒトコブラクダ（写真2-5-2）が飼育されている．最も水量が少ないところではラクダだけの遊牧が行われているが，降水量が多くなるとともに羊・山羊が増えてくる．羊・山羊は満2歳から毎年出産するが，ラクダの妊娠期間は380～390日で5歳くらいからしか出産しないためである．

写真 2-5-1　フタコブラクダ―中国のトゥルファン付近

写真 2-5-2　ヒトコブラクダ—エジプトの東部沙漠

表 2-5-1　遊牧民の人口数（Heathcote, 1983 を簡略化）

地域	推定人口（単位 1000 人）
東アフリカ	
マサイ（ケニア）	60.6
マサイ（タンザニア）	46.0
ムコゴド	3.3
ソマリ	640.0
ツルカナ	80.0
北アフリカと南西アジア	
サハラ	〜1000.0
アラビア	〜1000.0
トルコ・イラン・パキスタン	4000〜5000.0
インド	1000.0？
スーダン	4080.0？
アジア	
中央アジア	5510.0
シンチャン	670.0
計	19929.9

すべての地域で最大推定人口．

サヘル・スーダン地帯にかけては牛が主要家畜となっている．

遊牧民の移動ルートは，3 つのタイプに区分できる．1) イラン西部から中国西部にかけては，山脈の広い地域では垂直移動し，冬は平地，初夏から秋

にかけては山地で放牧する．2) アラビア半島やアフリカなどの平原では水平移動が多く，雨季の牧草が多い時期には広く展開し，乾季には水の多いオアシスに集中してこの時期を過ごす．3) モンゴルでは，夏営地は水場に近い平地にあり，冬営地は北西の寒風を防ぐ谷の奥か山陰にある．春営地と秋営地は，夏営地と冬営地の間にあるのが一般的である．

遊牧民の人口についての資料はほとんどなく，Heathcote (1983) の推定値（表2-5-1）がよく引用されるが，彼は6人の文献に基づきこの表を作成している．彼自身この数値は大まかなものであり，最大限の推定値であろうと説明している．Beaumont (1989) はHeathcoteの表を引用した後，中東では過去50年間に遊牧民が劇的に減少したが，サヘルとスーダンの一部では，第二次大戦後人口と家畜が急激に増加し，過放牧の原因になったと説明している．

(3) 伝統的牧畜地域の沙漠化

放牧地の牧草量が再生産されなくなるほど，家畜が相対的に増加した状態が過放牧である（写真2-5-3, 4, 5, 6）．過放牧が一時的であれば牧草量は再生産されるが，過放牧の状態が限界を超えて続くと牧草量の回復は不可能となり，放牧地の劣化が始まる．放牧地の劣化は牧草の減少と，家畜が食う

写真2-5-3 カメルーン北部（半乾燥地域）の放牧地—乾季・過放牧の兆候はみられない

写真 2-5-4 過放牧で劣化した放牧地―写真 2-5-3 の近く

写真 2-5-5 南モンゴル（半乾燥地域）の秋の放牧地―家畜を肥育するための放牧地で，過放牧の兆候はみられない

植物からほとんど家畜が食わない灌木や刺のある植物へと変化する現象として現れる．植物が減少した土地を家畜が踏み固めると雨が土壌に浸透しにくくなり，土壌侵食が始まる．また固定砂丘地帯では，植物の減少により砂の移動が始まる．このような過程で過放牧は沙漠化をもたらす．

過放牧の主な原因としては次の6つの事項が指摘されている (Grainger, 1990 ; Johnson, 1993 ; Thomas and Middleton, 1994 ; その他)．

写真 2-5-6 南モンゴルの過放牧―毎年同じ場所が夏営地となるため，過放牧化した，写真 2-5-5 の近く

1) **家畜数の増加** ニジェールでは 1961 年に牛が約 270 万頭，羊と山羊が（西アジア・アフリカの牧畜民は羊と山羊を区別しないことが多い）約 680 万頭であったが，1970 年にはそれぞれ約 350 万頭，羊と山羊は約 900 万頭に増加している．ソマリアでは 1967 年に牛が 140 万頭，ラクダが 200 万頭，羊と山羊が 700 万頭であったが，1988 年にはそれぞれ 3.2 倍，3.1 倍，4.5 倍に増加している．モンゴルでは 1950 年に羊が 1260 万頭，牛が 200 万頭であったが，1990 年にはそれぞれ 1510 万頭，280 万頭に増加している．

牧畜民にとって家畜は唯一ともいえる財産である．そのため可能な限り家畜を増やす．しかし亜熱帯乾燥帯では干ばつで多数の家畜を失う．ニジェールでは 1970 年から 1974 年にかけて，干ばつにより牛の 39％，羊・山羊の 10％を失っているし，ケニアのカジャイアドゥ行政区では約 30 年間に 2 回，干ばつのために牛の頭数が半減している（図 2-5-1）．またモンゴルでは 2000 年と 2001 年の雪害で大きな被害が出た．第二次大戦後あたりまでは家畜の頭数が牧草の飼育可能量を超えても，自然の摂理によって家畜が減少し，土地の劣化が大きな問題にはならなかった．しかし，1960 年代後半のサヘル地帯での干ばつをきっかけに過放牧が注目されるようになったが，その原因は社会状況の変化にあった．

前述したように人口が急増し，この人口増加に伴って家畜の数も増加した

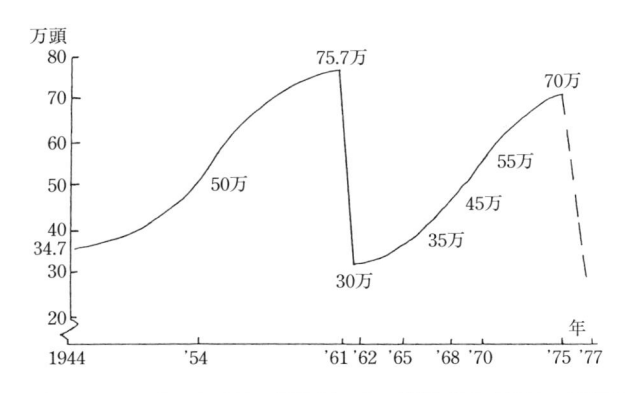

図 2-5-1　ケニア，カジャイアドゥ行政区の牛の頭数変化（1944～1977 年）―干ばつにより 2 回急変している（Livingston, 1991）

こと，牧畜民が相対的に貧しくなったことである．牧畜民はキャラバンを組んで交易したり，農民のために運送の仕事をしていたが，自動車の普及でそれらの仕事がほとんどなくなってしまった．また沙漠で生産される塩を穀物などと交換していたが，次第に塩が安くなってきたことなどで畜産品以外の収入が減少し，その分だけ家畜を増やさざるを得なくなった．また牛肉がヨーロッパへ輸出されたり，アフリカ内での肉の消費が増大したため，牧畜民が家畜を売るために飼育頭数を増加するようになったことや，獣医学が導入されてきて家畜の死亡率が低下したことなども家畜が増加した原因である．

　　2) **耕地の放牧地への拡大**　乾燥農業が安定して可能な乾燥亜湿潤地域から乾燥農業が可能な半乾燥地域にかけての地域においても，人口が少ない時代には放牧地として利用されていた土地が相当あった．この地域で本格的な耕地化をすすめたのは，この地域を植民地化したヨーロッパ諸国で，ケニアの「ホワイトハイランド」は代表的なところである．放牧地が耕地化されると，若葉が飼料として利用されていた疎林が皆伐され，遊牧民は牧草と若葉の両方を失うことになる．

　第二次大戦後人口が急増し，商品経済が浸透してくると放牧地が急速に耕地化されてきた．耕地化するのは人口が急増した周辺の農民，地方や都市の有力者，外国の経済援助を受けた政府などである．

　　3) **乾季の放牧地の消失**　牧畜民が乾季の放牧地を失った原因は 2 つある．

写真 2-5-7 刈り跡放牧―カメルーン北部

氾濫原での周年耕作化と刈跡放牧の減少である．

　ナイル川やニジェール川などの大河川をはじめ乾燥地帯の河川には，ほとんど増水季がある．農民は高水位になる増水季に灌漑農耕し，乾季の低水時には耕作しないし，塩害を防ぐために1年おきに耕作する地域もあった．他方牧畜民は雨季には台地で放牧し，乾季になると休閑地となっている氾濫原におりてきて放牧していた．ところが政府はダムを建設して氾濫原を周年耕作地にした．そのため牧畜民は，牧草が一番少なくなる時期に氾濫原を利用できなくなり，牧草の少なくなった台地で乾季にも遊牧をせざるを得ず，過放牧が急速にすすんだのである．スーダンのナイル川氾濫原を47万ha開発したケジラ計画はその代表的な例である．

　乾燥農業は雨季の初めに播種し，乾季の初めに収穫するが，この収穫は穂先だけを刈り取りわらは畑に残しておく．このわらの残った耕地に牧畜民が家畜を放牧し，家畜は糞尿を畑に落とすため肥料となり，農民の利益となる．そのため，刈跡放牧によって農民と牧畜民は共生関係にあった（写真2-5-7）．ところが化学肥料が普及してくると，耕地を家畜によって踏み固められることを嫌って，農民が刈跡放牧を拒否するようになった．また深井戸の掘削で家畜の飲料水が得られるようになると，農民が家畜を飼育して刈跡放牧をするようになり，さらには耕地周辺の草地でも放牧するようになったため，牧畜民が乾季の放牧地を失うことになった．

4) **遊牧民の定着**　多くの遊牧民は，父方の先祖を同じくする人々が結束している部族の一員として生活する長い歴史をもっているため，部族の指導者を中心とした同族意識で結束している．そのため，彼らには元々国家という意識はなかった．この遊牧民を支配しようと最初に定着政策を実行したのが，放牧地域を植民地化したヨーロッパ諸国である．植民地から独立した国々の政府にとっても，前述したように，遊牧民は政府の指示に従おうとしないだけでなく，反乱を起こす可能性もある．また税金を徴収することが困難であるし，国境を自由に越えて武器を含む密貿易を行う．そのため，各国の政府は「アメ」と「ムチ」を使用して遊牧民の定着を強力にすすめた．最初にこの政策を実行したのは連邦成立直後に中央アジアで強制的に行ったソビエト政府である．

　西アジア・アフリカでも独立国となった国の政府が行った．遊牧民は移動を好むため，国境警備隊や自動車運転手などを好んだが，採用人員が限られているため，政府は灌漑設備を整えて農民への転職をすすめた．しかし，農民は遊牧民にとって奴隷であったり収奪の対象であることが多かったため，政府の思惑通りにはすすまなかった．そのため，家畜の飲料水のための深井戸を掘り，学校や病院などの諸施設を整えるとともに，国有地での遊牧を禁止したり，国境を閉鎖したりして，定着牧民化をすすめた．定着した牧民が飼育している家畜はほとんど羊・山羊・牛であるが，これらの家畜は品種により違いはあるが2日に1回は水を飲む必要があり，井戸を中心にした半径30 kmほどの範囲に家畜が集中することになり，過放牧が急速にすすんだ．

5) **戦争と内乱による打撃**　遊牧民の草を求めての移動範囲は，水平移動の場合，移動距離が1000 kmを超えることもある．そのため国境を越えて移動している遊牧民も沢山いる．この国境を挟んだ両国が交戦している場合，国境を越えられないだけでなく，放牧地が交戦の影響を受け限られた範囲で遊牧することになるので，そこでの過放牧がすすむ．さらに戦争が長引く場合，遊牧生活そのものが崩壊してしまう．モロッコ軍とポリサリオ独立勢力が交戦したときには，モロッコ・西アフリカ・モーリタニア・アルジェリアの間を移動している遊牧民が大きな被害を受けた．

　内戦もまた遊牧民に大きな被害を与える．1979年にソ連軍がアフガニス

タンに侵入してから 2002 年まで，この国では内戦が続いた．1970 年中頃のアフガニスタンの遊牧民人口は約 250 万人，全人口の約 15％を占めていた．アフガニスタン遊牧民の移動ルートは冬営地が国土周辺部で，夏営地は国土の中央部に位置するヒンドゥークシ山脈とパミール高原である．内戦により冬営地と夏営地の移動が遮断され，冬営地で周年過ごす遊牧民も出たはずであるが，遊牧民の研究者が入国できないため，その実体は不明である．

内戦が隣国の遊牧民を圧迫する場合もある．ソマリアの内戦は長期間続いているが，この内戦により遊牧民の一部が隣国のケニアのレンリーレ遊牧民の放牧地に移動してきた．しかもソマリア遊牧民は武器を持っているためレンリーレ遊牧民は遊牧地を狭められ，過放牧が始まっている．

6) **社会的変化と商品経済の影響** 遊牧民は各部族がもっている共有の放牧地で家畜を飼育し，牧草の状態に敏感に反応しながら，指導者を中心にして統一された行動をとり，自然と調和した生活をしてきた．また，経済活動も乳製品・羊毛・皮革を地方のマーケットで売り，米・小麦粉・茶などの嗜好品をそこで購入する自給生活であった．

ところが政府の力が強くなり，税金を徴収されたり，商品経済が浸透してきたため，現金を必要とするようになった．その結果定着し舎飼を導入し，家畜を増やすものも現れ，伝統的な遊牧生活の崩壊が始まった．放牧権をもたない外部の者が権利をもっている者に投資する現象もみられるようになった．その結果貧富の差が生じ，富める者は家畜を増やし，貧困化した者は出稼ぎに出かけるようになり，残された女・子供は大型家畜を羊・山羊に代えて飼育するようになった．その結果，限られた遊牧地に多くの家畜が放牧されるようになり，過放牧を引き起こす結果となった．

(4) 伝統的牧畜による沙漠化に対応した対策

遊牧地には，その所有権・放牧権が確立していないところがあり，また中央政府の権力がおよばないところもある．遊牧民は家畜を増加させることがステータスの向上と考えているため，共用している放牧地で家畜の頭数を制限することは非常に困難な作業である．

ここでは Grainger (1990) が紹介している 1980 年代から主にサヘル地帯

の諸国が実行した5つの過放牧対策と，遊牧民の社会と生活を長期間調査してきた Johnson (1993) の遊牧民と定着した遊牧民を念頭においた5つの提案を紹介する．

1) **主にサヘル地帯で行われた過放牧対策** (Grainger, 1990)

疫病対策と品種改良 疫病予防のためのワクチン接種，搾乳量・肉の量を高めるためのビタミンやミネラルなどの投与，放牧地域をより湿潤で牧草量が多い地域へ拡大するためチェチェ蚊を介して伝染するトリコモーナス病に強い牛への品種改良，水を飲む間隔が3〜4日であるスーダンのカバシ沙漠の羊との交配などである．

屠殺による適切な頭数の維持 ある研究機関の推定によると，干ばつのとき牧草が20%残る放牧をすると過放牧が防げる．しかしこの数値は遊牧民にとっては現実離れしているので，干ばつの初期に適切な頭数まで屠殺する方法を政府は実行しようとしていた．しかし家畜が減少することを本能的に拒み，干ばつのときは家畜が自然死するままにしてきた牧畜民にとって，この方法は受け入れがたいものであった．

放牧地の改良 より多くの量の牧草が得られる品種の種子を放牧地に散布する方法と，若葉が飼料となる樹種を植林する方法である．

生活基盤の改善 放牧地に深井戸を掘削するとともに，家畜市場へのルートを整備したり，肥育場や屠殺場の建設を行った．深井戸の掘削を強く希望する部族がいる反面，ニジェールのボロロ族のように，深井戸を掘削すると外部からこの井戸を利用する家畜群が集まり，彼らの放牧地が荒らされると反対する部族もおり，調整に問題がある．また広い放牧範囲に沢山の深井戸を掘削する費用をいかにして確保するかの問題もある．

放牧の仕方の変更 歴史的な過程で決まっている部族ごとの放牧地域を，政府の力で適切な範囲に再配分するとともに，学校や保健施設等を新しく建設し，遊牧民を定着させる．またフェンスで囲んだ大規模牧場を建設する方法などである．

1980年代になると，この過放牧対策は失敗であったとの論文が発表されだし，またこの政策の立案者も外国の援助機関も放牧の改善は不可能と受け

取るようになった．サヘル地帯への援助のうち，畜産部門に向けられる資金は乾燥農業向けの9%より少ないわずかに5%である．この間の失敗は牧畜民に政府の対策に疑問を抱かせ，政府は遊牧民を強情で融通のきかない連中であると受け取るようになってきた．

2) **Johnson (1993) の提案による過放牧対策**

Johnson (1993) は「耕地化によって狭くなった放牧地域の放牧に，先進国で発達した管理方法を持ち込んだのが失敗の原因」であったとの観点から，以下の提案をしている．

総合的な開発計画の必要性　政府は経済開発を実行する際に，都市民・企業家・農業関係のロビーイストの圧力もあり，工業化や灌漑用のダム建設を重視し，遠隔地方に生活している放牧民を軽視した．このことが深刻な沙漠化の原因になっているのであるから，政府は国全域・全産業を総合的に開発する必要がある．

遊牧民の部族的科学知識を認知すること　遊牧民は，彼らが回遊する放牧地の自然環境を熟知しており，この知識をもとにして自然と調和しながら生活してきた．彼らの自然環境についての知識は，機器を使用して収集した現代科学によるデータより正確である．シリア政府は，遊牧民は過放牧になる限界を知っており，ある放牧地が限界を超えて放牧されそうになったときには，慣習や指導者が強力に放牧を阻止するやり方を，劣化した放牧地の回復に応用し成功した．この成功後「シリア方式」は中東で広まった．

最も重要な乾季の放牧地の保護　前述のように，乾季の放牧地は多くの家畜が生き残れる豊富な水場の近くにある．水が豊富なことを理由に，土地利用を変えたり耕地化し，遊牧民は残された遊牧地で生存できると考えるのは，総合的判断に欠けた土地利用であり，環境悪化をもたらすだけである．もしこのような土地利用を実行するだけであるならば，家畜が集中する大規模な深井戸ではなく，小規模な深井戸を沢山掘削し，飼料を集積したり，飼料となる若葉が得られる樹木の植林に投資する必要がある．

遊牧民には可能な限り移動性と柔軟性を持たせること　ほとんどの国は政治的・理念的な理由で，遊牧民の定着を促進し，保健・教育などの社会的サー

ビスを提供している．しかし，遊牧民は所詮「遊牧する牧畜民」である．彼らには，定住して乾燥農業から得られるものより家畜で生活する方が好都合なのであり，移動する方が家畜にとって安全なのである．移動することにより，耕地化できない遠隔の地を有効に利用できるのである．

放牧地を安定して管理する方法　放牧地が劣化した多くの原因は，外部から持ち込まれた，意図はよいが間違った開発行動であった．放牧地を安定的に管理する最も重要な基本理念は，たぶん，遊牧民が発展させた共有資源を健全に使用するシステムである．

■内モンゴル，イミン・ソムにおける放牧地の沙漠化

　ここではソーハン・ゲレルト（2001）により，内モンゴルのイミン・ソムにおける放牧地の沙漠化について述べる．イミン・ソムは内モンゴルの最北部に位置し，行政的にはフルンボイル盟エヴェンギ旗に属する（図2-5-2）．

イミン・ソムの自然環境　イミン・ソムの年平均気温は約$-2°C$，年降水量約300 mmで，半湿潤地域に隣接する半乾燥地域である（周ほか，1995）．植生はホンゴルジ鎮以北のイミン川より東側は興安嶺山脈の西麓にあたり森林となっているが，イミン川沿いや盆地・平原はステップとなっており，森林ステップとみなすことができる．イミン・ソムの総面積4399.9 km^{2}のうち，森林ステップが約40％，ステップが約60％を占める．

　2000年における人口はモンゴル人1065人，エヴェンキ人1051人，ダゴル人225人，満州人19人，漢人811人で，合計3171人である．飼育されている家畜は牛1万956頭，馬1453頭，羊4万1941頭，山羊853頭，合計5万5203頭である．

内モンゴルにおける家畜所有形態　内モンゴルでは，1947年の自治区成立まで多くの家畜と放牧地は上流階級の所有であったが，「民主的改革時代（1947～1952年）」と「社会主義的改革時代（1953～1958年）」には放牧地は公有，家畜は私有であった．「人民公社時代（1958～1982年）」に家畜も公有となったが，1981年に人民公社が所有していた家畜が個人に配分され，家畜は再度個人所有となった（周ほか，1995）．

　イミン・ソムでは，人民公社化運動に伴い家畜は公有化され，7つの生産隊の所有となった．人民公社制度が成立するとともに，家畜の飼育方法が大きく変化した．複数の家畜を所有する家族が何家族か協力して行う遊牧（ホトアイル）から，

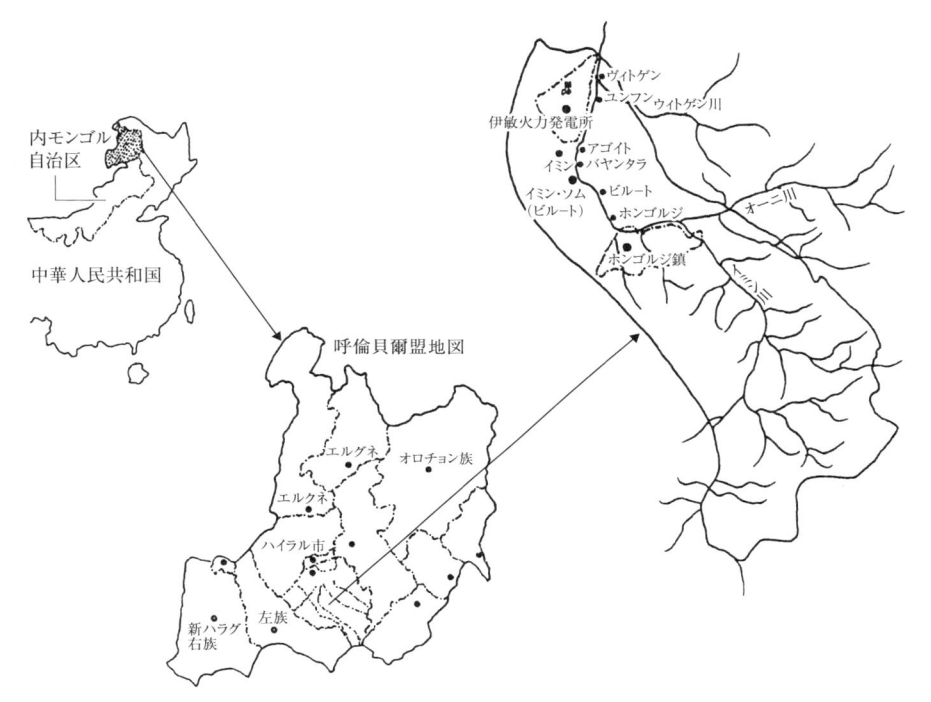

図 2-5-2　内モンゴル，イミン・ソムの位置（ソーハン・ゲレルト，2001）

家畜の群れを単一家畜にし，従来どおり放牧地を移動する「遊牧民」と，痩せた家畜の飼育や搾乳，他の生産労働に従事する「半遊牧民」に分かれる家畜飼育方法へと変換された．少人数による遊牧を可能にするためであった．

人民公社時代のイミン・ソムにおける家畜飼育様式　「遊牧民」は伝統的な様式を継承しながら遊牧を行った．それは涼しく，蚊が少ないイミン川から西側のステップを夏・秋の放牧地とし，風が弱く暖かいイミン川の東側の森林ステップを冬・春の放牧地として，6月初旬と10月中旬に両者の間を大移動し，それぞれの放牧地で中移動・小移動する方法である（表2-5-2，図2-5-3）．夏・秋の放牧地は牧草が豊富であり，家畜を肥らすため積極的な移動を行う．森林ステップでの春の移動の目的は，家畜の肥り具合の定着と維持，体力の回復を図ることが主な目的であり，移動の回数は比較的少ない．

　馬・牛・羊は前述のようにそれぞれ単一家畜で群が構成され，それぞれ別の放牧地で放牧された．馬が最も遠い放牧地に放牧された．この期間（1958〜1982年），

表2-5-2 イミン・ソム移動目的達成期間（ソーハン・ゲレルト，2001）

月	積極的移動		防備的移動			移動
	水太期	油太期	定着期	維持期	回復期	
11			///////////			回数が少ない
12				///////////		
1				///////////		
2				///////////		
3				///////////		
4				///////	///	
5					///////////	
6	///////////					回数が多い
7	///////////					
8		///////////				
9		///////////				
10		/////	/////			
	純ステップ		森林ステップ			

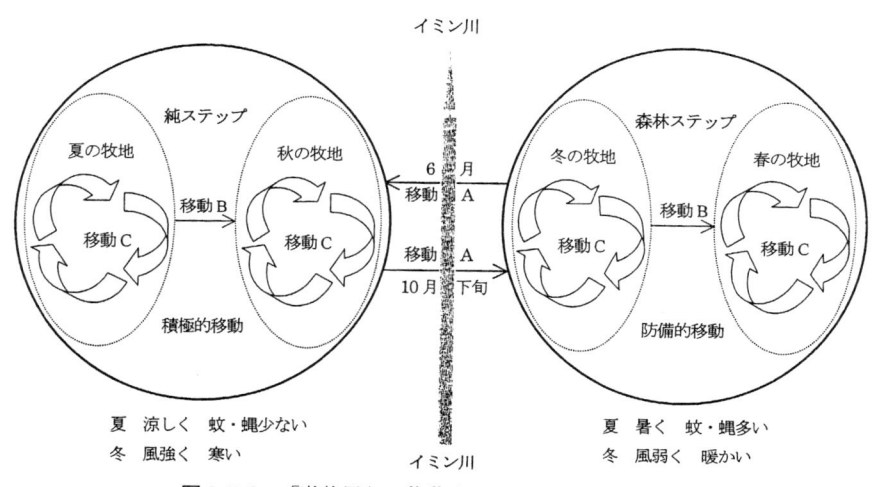

図2-5-3 「遊牧民」の移動（ソーハン・ゲレルト，2001）

純ステップ
夏の牧地　秋の牧地
移動B　移動C　移動C
積極的移動
夏　涼しく　蚊・蝿少ない
冬　風強く　寒い

イミン川
移動A　6月
移動A　10月下旬
イミン川

森林ステップ
冬の牧地　春の牧地
移動C　移動B　移動C
防備的移動
夏　暑く　蚊・蝿多い
冬　風弱く　暖かい

文化大革命時代（1966～1976年）を除けば，家畜は毎年増加し，1958年の1万6546頭から1982年の3万1603頭へとほぼ倍増した．しかし，過放牧現象はほとんどみられなかった．放牧地にゆとりがあったことと，伝統的な遊牧方法に原因があったと推定される．

　生産隊の大多数である「半遊牧民」の人々は頻繁に移動する必要がないため，次第に固定式建造物をつくり定住するようになった．しかし，半遊牧の主な仕事は，冬季には乳牛や妊娠した牛・痩せた牛馬などの飼育，夏季には搾乳など家畜に接する仕事であったため，完全には定住できず，生産組織がある冬春の定住地と搾乳作業が行われるイミン川西側の夏秋放牧地の2カ所に定住地があった．女性の仕事は搾乳・乳製品の生産作業であるが，男性の仕事には冬春の定住地に家畜囲いをつくったりその修理，干草刈りや家畜囲いへの運搬など冬・春での仕事も多かったため，夏・冬営地の住居にはゲルやジャガンと呼ばれる簡易小屋もみられた．

　人民公社時代に，「牧畜業の機械化」は「自然を変え，自然環境に頼る遅れた牧地牧畜をなくす」というスローガンの一環として，トラクターによる干草の生産量が飛躍的に増加した．本来なら干草で飼育する必要のない牛馬が冬春の定住地の囲い込みで飼育されるようになり，雪どけとともに6月末まで定住地周辺に放牧されるようになった．また乳牛が増加し定住地周辺の放牧地に負担をかけるようになったが，両者ともに深刻な過放牧をもたらすことはなかった．人民公社時代の遊牧・定住・放牧地の関係を図式化すると，図2-5-4のようになる．

　人民公社解体後における家畜飼育様式　1982年，イミン・ソムで家畜の個人所有を認める制度が始まり，人民公社の時代は終わったが，この家畜の個人所有が家畜の飼育様式を大きく変化させた．家畜で生活する人たちが「新遊牧民」と「定住牧民」に再編されたのである．「新遊牧民」は羊だけを飼育する（一部他の家畜を飼育している者もいるが）遊牧生活者である．「定住牧民」は定住し，牛と馬を定住地から放牧地に通わせる生活様式をとっている．現在（2000年頃）の家畜飼育戸数のうち「新遊牧民」はわずかに53戸だけであり，1戸平均800頭，合計4万2794頭の羊を遊牧で飼育している．743戸の「定住民」は1万956頭の牛と1453頭の馬を放牧地に通わせる世話をしている．

　イミン・ソムの放牧地の沙漠化　イミン・ソムの放牧地の劣化が始まったのは，人民公社時代で，定住化した牧畜民が定住地周辺に家畜を放牧しだしたことに加え，トラクター使用によって大量の干草をつくり，冬季にも放牧していた牛と馬を舎飼いするようになった時期からである．しかし，放牧地の劣化が顕著になってきたのは人民公社解体以降である．その主な原因として次の5つが指摘できる．

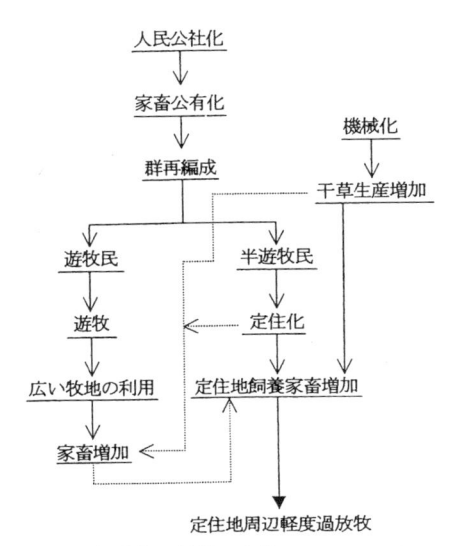

図 2-5-4　人民公社時代の遊牧と定住（ソーハン・ゲレルト，2001）

1)　**住民の大多数が「定住牧民」になったこと**　人民公社が解体したとき，90％以上の家族が定住牧民になったが，その主な原因は 1) 人民公社時代に生まれ，本来の遊牧生活の仕方をよく知らなかった半遊牧民が多かったこと，2) 社会主義思想の影響で，「人類は狩猟→牧畜→農業→工業の図式で発展する」と信じ込んでいたこと，3) 定住地周辺にも広い放牧地があり，深刻な過放牧を経験しなかったこと，4) 移動は好きな時期に行うことができると楽観的に考え，自分の家畜の増加を待ったことなどである．

しかし数万頭の牛と馬に加え相当数の羊がわずか 10 カ所ほどの定住地に集中したため，定住地周辺の放牧地が過放牧状態になったのである．

2)　**伊敏火力発電所の設立**　国家プロジェクトとしてこの発電所が 1980 年代に完成したことにより，全ソムで最もよい夏営地など 99 km² のステップが発電所の管理下におかれ，地元の牧畜民が使用できなくなった．さらに，ハラボジル盆地の中央部で石炭の露天掘りが始まったため，2 万頭の家畜がこの盆地での夏の放牧が不可能になった．また，伊敏発電所の機関と職員が所有する 4759 頭の牛と 5241 頭の羊が新しく放牧されたため，それらの家畜に使用される放牧地分だけ地元の牧畜民の放牧地が狭められた．

3)　**ステップの耕地化**　1990 年代後半から遊牧民が最も嫌うステップの耕地化が急速に拡大してきた．ステップの耕地化は禁止されているのに，それを無視し

ての耕地化である．2000年現在約146.3 km²のステップが耕地化されているが，耕地は1カ所に集まっているのではなく散在しているので，四季の放牧地の一部が使用されなくなるため，耕地化の放牧に与える影響はその面積以上に大きいのである．

　4）　**放牧地の個人管理**　1990年末にステップの使用権と管理権が30年間の契約で個人に与えられることになったが，このことは放牧地の劣化の大きな原因になった．放牧地が個人の使用に限られると，元来そこに放牧されていた家畜が締め出され，公有地に放牧される家畜が増加し，過放牧を引き起こすだけでなく，個人放牧地もやがて過放牧となることが想定される．現在個人放牧地はまだ柵で囲まれていないが，そのうち柵で囲み他人の家畜を入れなくなると放牧地を失った家畜が公有地に集中し，公有地が過放牧化するであろう．降水量の変化，寒波など気象条件が不安定な放牧地では，適切な家畜頭数を決めることが困難なためである．

　5）　**家畜の増加**　1958～1982年の人民公社時代24年間に増加した家畜の頭数は，1万6362頭から3万1603頭へと1万5241頭であったのに対し，人民公社が解体した1982～2000年にかけての18年間では3万1603頭から5万5203頭へと2万3600頭の増加である．伊敏火力発電所設立と露天掘開発，耕地の増加により放牧地が狭められたにもかかわらず，家畜は大幅に増加している．その主な原因は，1）定住牧民が現金収入を増加させるため，乳牛の頭数を増加させたこと，2）国家公務員や金持ちが，親戚や家畜の少ない牧民に委託して，彼らの名義で家畜を飼育していること，3）イミン・ソムの人口が自然増加と社会増加で増えたことである（図2-5-5）．

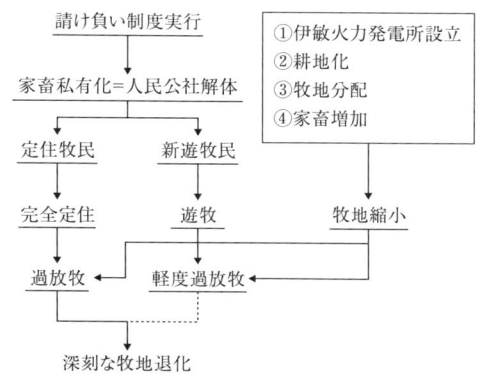

図2-5-5　人民公社解体以後の遊牧・定住・牧地（ソーハン・ゲレルト，2001）

ソーハン・ゲレルトが提案する沙漠化防止対策 ソーハン・ゲレルト (2001) はイミン・ソムの自然環境の特性から，放牧地の劣化をもたらさない生活様式は遊牧しかないと考え，遊牧生活を維持するための方法として以下の対策を提案している．1) 開墾を停止し，放牧地を復元すること―このことが最も重要な対策である．2) 遊牧民たちは，協力し合って各自に割り当てられた放牧地を共同的・合理的に利用すること．3) 伊敏火力発電所と紅花爾基林業局の社員や職員がイミン・ソムのステップを利用して私家畜を飼育することを大幅に抑制すること．4) 国家公務員などがイミン・ソムの放牧地を利用して私家畜を飼育することを禁止すること．5) 政府が遊牧文化保護政策を行うこと，などである．

■沙漠化を回避する放牧方法―ケニア，東ポコト族の場合

ここでは Reckers (1994) により，沙漠化をもたらさない遊牧生活を続けてきた東ポコト族の遊牧生活について説明する．

遊牧地域の自然環境 ポコト族の放牧地域はリフトバレーの北部に位置し（図2-5-6），その面積は約 4400 km² であるが，降水量が少ない年には他部族の放牧地

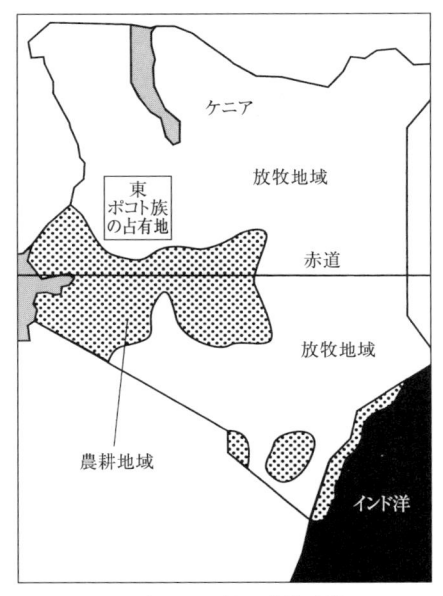

図 2-5-6 ケニア，東ポコト族の遊牧地域 (Reckers, 1994)

へ越境し，紛争を起こすこともある．年平均降水量が約 600 mm の半乾燥気候であるが，年による降水量変化が大きく，標高によっても異なる．火山性の土壌は肥沃であり，植生の成長量は降水量に左右されている．植生は乾燥に強い草地にトゲのあるサバンナが散在している．

生活基盤　ポコト族の生活基盤は家畜であり，場所によって乾燥農業と養蜂を行っているが，家畜飼育と比較すると取るに足りない程度である．平均的な所有家畜数は牛 15～30 頭，羊・山羊 30～50 頭，ラクダ 2～3 頭であり，これらの家畜を雨季には低地（標高 800～1000 m）で，乾季には牛だけ高地（標高 1000～2500 m）で放牧している．ミルクが最も重要品であり，雨季にはミルクがほとんど唯一の食料となる．乾季にはミルクの産出量が減少するが，特に牛のミルクの出が悪くなるので，山羊とラクダのミルクと，農民と物々交換したトウモロコシが食料となる．ときに山羊の肉も食用となるが，牛とラクダは屠殺することはなく，花嫁の代価と儀式のささげものにするときに手放すだけである．

東ポコト族は厳しい自然条件に対応するため，家畜の飼育方法として下記のような対策をとっている．

1) **一見過剰な家畜飼育**　東ポコト族が飼育している家畜頭数は放牧地の広さと比較し，過剰のように見えるが，これは干ばつや伝染病のため，家畜が急減したときのための対応である．

2) **数種類の家畜飼育**　特性の異なる家畜を飼育することにより厳しい自然条件を克服している．たとえば，牛は主に草を食むため，乾季には高地へ移動させなければならないのに，ラクダと山羊は乾燥に強い灌木，特に棘のあるアカシアを食むため，周年低地で放牧することができるし，干ばつにも強い．ラクダの出産は 2 年に 1 回，牛は 1 回，山羊は 1 年に 2 回であるが，ラクダは授乳期間が 1 年間で牛の授乳期間より長い．しかし，牛は良質の草を食んでいる時期には山羊の 10 倍のミルクが出る．山羊は放牧地を荒らすといわれているにもかかわらず飼育されているのは，干ばつや伝染病で牛を失ったとき，妊娠期間の短い山羊は頭数が急速に回復するため，山羊を売った金で購入し元の家畜構成を回復することができるためである．このように，それぞれの家畜の利点を上手に利用している．

3) **家畜の分散**　東ポコト族は遠くに離れている者との間で一時的に，あるいは長期間家畜を貸し借りしているし，乾季の放牧地を複数にして家畜を分散させている．家畜を分散するのは干ばつや伝染病，敵対する遊牧民の襲撃などのリスクから家畜を守るためである．

4) **季節移動**　東ポコト族の放牧地は共有地である．主営地は低地にあり，10 月から 4 月の乾季になると 12～16 歳の若者が牛の群を連れて，乾季のために保留

してある．地形性降雨のため牧草が多い高地へと移動する．牛の群はこの高地で広い範囲を移動しながら乾季を過ごす．最初の雨がきた2～3週間後，牛の群れは低地の主営地に帰ってくる．他の家畜は牛のようにやわらかい草でなくても飼育できるため，周年低地で放牧される．雨季の間，高地に家畜は放牧されず，牧草を回復させる．このように複数の家畜を飼育することで家畜の飼料の需要に対応している．

5) **干ばつに対応した移動** 干ばつのときには次のような移動に変える．1) 乾燥度が強くなるほど，回遊距離が長くなる．2) 乾燥度が強くなると放牧地を分散し，家畜を小さな群に分散する．3) 干ばつの期間が長くなると，2年以上乾季の放牧地にとどまることがある．さらに異常事態になり，低地の飼料が不足してくると，山羊や羊を牛と一緒に高地の放牧地で飼育する．

放牧地・水の管理と植物の利用としては，

1) **放牧地の管理** 放牧地をどのように管理・利用するかは，すべて長老会議で決定される．明文化されてはいないが，この「暗黙のルール」はすべての東ポコト族構成員に対し権威がある．この長老会議では，乾季と雨季に使用する放牧地，出産予定牛・授乳中の牛だけを放牧する放牧地，移動ルートの拡大が必要か否かなどが決定される．

2) **水の管理** 水資源の管理も自然資源管理のために重要な事項であり，水不足のときにはその使用が厳格に制限される．一般的にはダム・川・泉・井戸の水を自由に使用できるし，隣接する遊牧民—テュデン・チャムス・トゥルカナ族にも一定の条件（まず長老会議の許可をとり，雄牛を1頭提供する）のもとに水を使用することが許される．しかし，特別な事情が起きた場合には，一部の地域では近くに川などの水源があるとダムの水の使用を禁止する．また，乾季の終わり（しばしば1月と2月）に水不足となると，ダムの水は小家畜だけが飲用し，牛とラクダは離れたところの水源を利用することになる．これらの決定はすべて長老会議でなされる．

3) **植物の利用** 東ポコト族の人々は植物について計り知れないほどの知識をもっている．子供でも植物を識別できまた名前を知っており，どの植物が人間や家畜に有用なのかも知っている．たとえば，茶の代用となる植物，野菜となる植物，食用となる果実，家畜の薬となる植物などである．また樹木も目的に応じて利用しており，硬い木やシロアリに強い木は小屋の柱に，ある草は屋根に使用し，灌木は家畜囲いに使用している．

最近東ポコト族が直面している危機 このように，東ポコト族は厳しい自然条件に適応する生活様式をとってきたが，1984年の厳しい干ばつのとき，この伝統

的な生活様式が初めて十分機能しなかった．このとき，東ポコト族は食料不足に苦しみ，多くの家畜を失った．このダメージの原因は彼らの伝統的生活様式や自然条件にあったのではなく，外部にあったのである．干ばつなど牧草が不足したときの放牧地が耕地化されており，家畜を避難させることができなかったからである．人口が急増したケニアでは農地が過耕作するとともに，急速に半乾燥地域での耕地化がすすんだ（Darkoh, 1991）ためである．また，ケニア政府の経済政策が牧畜に十分対応しておらず，家畜の効率的な流通システムができていなかったことも影響した．さらに東ポコト族内における社会文化構造や価値観の変質（たとえば長老会議の弱体化）も危機に対処する能力を弱めた．

東ポコト族の生活様式改善に関して，Reckers は以下のような提案をしている．

1）人口圧による放牧地不足は切迫した問題であるので，生態的バランスを考慮して，放牧地を効率的に利用する．その方法としては，乾季の放牧地にダムを築造せず，過放牧を避ける．共用放牧地を十分に確保し，必要があれば，その利用についてのルールをつくるなどが挙げられる．

2）放牧システム確保のため，この地域への援助を改善する．たとえば，1）乾季に穀物を確実に供給する，2）獣医学的援助を強化する，3）十分な管理のもとに基本的な市場システムを確立して家畜の売買を奨励し，遊牧民を国家経済に総合的に組み込むこと，などである．

3）失業や窮乏により遊牧民が社会経済的に崩壊しないため，次のような対策を実行することが望ましい．1）放牧地域の学校のカリキュラムに，遊牧民の必要に合わせて，放牧地の生態系学習や獣医学的科学を追加する．2）半乾燥地域では，遊牧生活以外不可能なのであれば，行政機関は遊牧民が外部からの援助なしに，その伝統的生活様式を維持できるようにしなければならない．これに関して最も重要な問題は，遊牧民がいかにして新しい状況に適応する対応をとるかであり，最終的には彼ら自身がこの生活様式を維持する意思があるか否かである．

(5) 企業的牧畜の沙漠化

企業的牧畜が分布する主な地域は，アメリカ合衆国西部，パタゴニア，オーストラリア中央部，アジア中央部などである（写真 2-5-8）．これらの地域で企業的牧畜が最も拡大された時期は 1880 年から 1920 年頃にかけてであった．アメリカ合衆国では 1880 年代までに鉄道が西部まで建設され，東部へ家畜を大量に送ることが可能になったためであり，他の地域では，1867 年から 1882 年にかけて冷凍技術が発達し，ヨーロッパが畜産品の消費市場に

写真 2-5-8 ニューメキシコ州南部の大規模牧場

なったことと，深井戸の掘削技術が開発され，水の確保が可能になったことである．

アメリカ合衆国とオーストラリアでは，非常に低価格で国有地が借用できたり購入できた．そのため，放牧地が劣化すると新しい放牧地を求め，放牧地を保護する意識に欠け，沙漠化が進行した．アメリカ合衆国では，この沙漠化に加え，ロッキー山脈の東側の，より降水量の多い地域（年平均降水量500 mm以下の西経98度以西が乾燥地帯と考えられている）や，次々とダムが建設されたコロラド川流域では放牧地が耕地化され，現在の放牧地は最盛期の半分程度と推定されている．

オーストラリアでは地下資源の開発が本格的にすすめられ，鉱物資源が主要輸出品になる1970年代まで，畜産品は主要な輸出品であり，過放牧がすすんだが，これに加えしばしば発生する大干ばつの影響，1859年ヨーロッパから導入されたウサギが「この大陸の南半分はウサギが膨れ上がらんばかりに増加したこと」（ライフ編集部，1973）の影響などで，沙漠化がすすんだ．

Heathcote (1983) は各大陸の企業的牧畜の規模，単位面積当りの家畜生産頭数を比較するのは困難であると断ったうえで，表2-5-3を示している．Friedel (1997) はオーストラリア中央部での牧場の規模を2000〜5000 km²

表 2-5-3　各地の大規模牧場の平均面積 (Heathcote, 1983)

家畜の種類	オーストラリア	米国西部	ナミビア	南アフリカ
牧場の規模 (ha)				
牛牧場	441 680	4 000	—	3 305–3 584
羊牧場	23 430	4 800	800–2 400	—

表 2-5-4　3人の研究者による家畜単位 (Thomas and Middleton, 1994)

家畜の種類	1家畜単位＝家畜の重量 450 kg		
	Field (1978)	Meyer (1980)	Le Houerou and Grenot (1986)
ラクダ	—	1.0	1.16
牛	0.7	0.8	0.81
馬	0.6	1.0	0.80
羊	0.1	0.15	0.18
山羊	0.1	0.15	0.15
ロバ/ラバ	0.4	0.5	0.53

と説明しており，赤木 (1990) はオーストラリアの年平均降水量 200 mm 前後のところでの牧場の規模は 500〜1万 km²，大規模な牧場は 3万 km² に及ぶと説明している．

　家畜が食む草の量は家畜の種類によって異なるので，「家畜単位」が決められている．研究者によって家畜単位は多少異なるが (表 2-5-4)，グリッグ (1977) は 1 家畜単位に必要な牧草地面積を，アメリカ合衆国のプレーリーでは 6〜10 ha，沙漠では少なくとも 40 ha が必要であると説明している．Beaumont (1989) はオーストラリアの乾燥度の高いところでは牛 1 頭につき 64 ha，羊 1 頭につき 8 ha 必要であると説明している．筆者はかつて，オーストラリア大陸で最も乾燥しているエーア湖付近の個人牧場を訪れたことがある．1軒では広さ約 1300 km² の牧場に牛を約 1200 頭放牧して 1 人で管理し (写真 2-5-9)，隣りの面積約 5000 km² (千葉県の面積とほぼ同じ) の牧場では夫婦が約 2000 頭の牛を管理していた．車で牧場を走ってみたが，まったく裸地化した地面が方々に分布していると同時に，劣化されていない放牧地も広く見られた (写真 2-5-10, 11)．このような状態になっている牧場が日本列島の 15 倍以上の面積もあるところを，限られた人数の専門家がチェックするのであるから，上記のように異なった数値が公表されるのも無理か

写真 2-5-9 オーストラリア沙漠中央部の個人牧場と所有者―牧場の広さ約 1300 km² (神奈川県の約半分) 牛 1200 頭,隣りの個人牧場の広さ約 5000 km² 牛 2000 頭

写真 2-5-10 写真 2-5-9 の牧場の牧草

らぬことであろう.

(6) 企業的牧畜による沙漠化に対応した対策

　大規模牧場の牧草の劣化は,その規模の拡大期をすぎた 1930 年代以降も続いた.南アフリカでは 19 世紀に国有地から個人所有地になったが,アメ

写真 2-5-11 写真 2-5-9 の牧場の裸地化した部分—沙漠での沙漠化

リカ合衆国とオーストラリアでは大部分の牧場は国有地が非常に安い使用料で借用されてきた．そのため，基本的には牧草の劣化に対応するのは牧場主であった．しかし，前述のように大規模な牧場をわずかな労働者で管理することは不可能である．アメリカ合衆国では乾燥地帯の放牧地の大部分が劣化していることが判明したが，その原因の1つは政府の「放牧許可システム」が有効に働かなかったためである（Hess and Holechek, 1995）．そのため 1970 年代に土地管理局と営林局が国有地の放牧地の生態学的管理を集中的に行うようになった．この管理によって牧草の状況を確認し，その状況によって放牧地の割当てを変更しようとするものである．

　Ludwig and Tongway (1995) によると，オーストラリアの牧場地帯は都市からはるかに遠く離れた大陸内陸部にあること，州ごとに土地制度が異なることなどのため，中央政府は牧場地帯の沙漠化に対して積極的な対策をとらなかったが，1980 年代になってさまざまな沙漠化対策をとるようになった．オーストラリア大陸内部では厳しい干ばつが発生するが，この干ばつが発生すると家畜が半数以上死亡するほどの過放牧となる．そのため，この干ばつと密接に関連する太平洋上の気象状況を詳しく観察し，干ばつを予測する作業を始めた．

またオーストラリア中央政府は沙漠化を阻止するための「土地保護オーストラリアプログラム」を計画し，地方の牧畜民・農民が組織した「土地保護グループ」に基金を提供して，このプログラムを実行させている．CSIRO (連邦科学・工業調査局) とニューサウスウェールズ州の土壌保護局は「国有放牧地プログラム」を組み，土地保護グループと協力して劣化した土地を回復させる作業を行っている．

6 過耕作

　乾燥地帯で行われている耕作では，乾燥に適応するためさまざまな工夫がこらされている．この農業には「天水農業」「降雨依存農業」「乾燥地農業」「乾燥農業」などさまざまな名称が使用されている．天水に依存する農業は湿潤地域においても行われているので，正確には「乾燥地天水農業」と表現すべきであろうが，長くなるので「乾燥農業」を使用する．

　乾燥農業が行われている地域は，雨季の違いにより2つに分かれており，冬雨地域は年降水量約200〜500 mm，夏雨地域は約300〜800 mmのところである．農業形態は大まかに「自給的農業」と「企業的穀物農業」に区分することができる．

(1) 自給的農業

　自給的農業が行われている主な地域は，夏雨地域と冬雨地域に区分される．前者は華北平原・インドのパンジャブ平原からデカン高原にかけてとサヘル地帯であり，主要作物はキビ・アワ・モロコシ（ソルガム）である．後者は南西アジアから地中海の南北沿岸地域であり，主要作物は小麦である．これらの地域では少雨に対応するため，「乾燥農法」が行われている．

　乾燥農法の手法としては主に次の3つの方法がとられている．

　1) **犂耕と耙耕**　可能な限り降水を土壌中に保存するため，雨季の直前に犂耕で耕土を深く耕して耕地をほぐして隙間をつくり，降水が耕土に十分浸透するようにする．そして雨季の終わりに耙耕し，耕土を鎮圧・磨耕して耕地表面に幕面をつくり，陽光と通気を遮断し蒸発を防ぎ，土壌水分の保水をはかる．

　2) **休閑農法**　連作せず休耕期間をもうける農法であるが，大まかに分けて1年ないし2年休耕して1年耕作する方法と，数年耕作し10数年休耕する2つの農法がある．前者の場合，休閑期間中に農作物から蒸散しない地中

水分を耕作年に使用し，年降水量より多くの水分を農作物が利用できるようにし，1年の収穫量を2〜3年連作による収量の合計より多くする方法である．後者は10数年休耕することにより，耕地を草地や疎林地にして，腐植層を形成し，土壌を肥やす方法である．アフリカの一部では休閑期にアラビアゴムを植栽し，これから収入を得ているところもある．

 3) **耐乾性作物の栽培** 主な耐乾性作物としてはキビ・アワ・モロコシ・小麦・ライ麦・サツマイモ・落花生・綿花・ゴマなどがある．

(2) 自給的農業地域の沙漠化

 耕地化は自然植生の破壊行為である．そのため，植物生態系が脆弱な乾燥地帯での耕地化は，このことに十分注意して行わないと，土壌侵食を引き起こす．乾燥農法はこのことに十分留意して耕作が行われていた．しかし，第二次大戦後あたりを境にしてさまざまな原因により伝統農法が破壊され，耕地の劣化が引き起こされた．主な耕地の劣化現象は 1) 土壌侵食，2) 腐植層の減少，3) 土壌の固化などがある．原因としては次のような事項があげられる．

 1) **人口の急増** 表2-2-4にも示しているように，伝統的乾燥農業地帯で急激に人口が増加した．増加した人口のため，土地に負担をかけずに食料を増産する方法としては，化学肥料の使用と品種改良があるが，上記の人口増加地域では，資金と技術が不足していた．そのため，休閑農法の休閑期の短縮と，より降水量が少なくそれまでは放牧地として利用されていた土地が耕地化された．

 2年1作・3年1作の休閑農法を行っていたところで連作を行うと，毎年収穫はあるが，土壌中の肥料分が減少し，収穫量が次第に減少する．このような時期に干ばつが発生すると，耕地は放棄される．放棄された耕地は裸地のままになり，乾燥気候の特徴である強風と豪雨のため土壌侵食を受け，腐植が集積し肥沃な表土層が運び去られ，降雨が戻っても土地は痩せた耕地となってしまう．10数年の休閑期をはさんで数年耕作している休閑農法地域で休閑期間が短くなると，休閑期に生育する植物で腐植物を集積し，肥沃化していた表層土が肥沃化しなくなり，土地は痩せてくる．

耕地が痩せてくると，耕地周辺部の放牧地が耕地化された．より乾燥したところの土地は腐植物が十分集積していないため，耕作を続けているうちに土地は痩せてしまい，農民はその耕地を放棄し，さらに乾燥したところへ耕地を拡大してきた．土地が痩せてしまったため放棄されたり，干ばつのため放棄された耕地は裸地となり，風食と水食により土壌侵食を受け，降雨が回復しても元々耕地として不適切な土地であったため，再耕地化されることは少ない．

チュニジアでは急激な人口増加のため，過耕作・放牧地での耕地化がすすんだ．1920年のチュニジアの人口は200万人であったが，1990年には800万人近くにまで増加した．そのため，120万haだった耕地は放牧地へと拡大し，500万haを超えた．その結果，土壌侵食が激しくなり，流水によるだけでも毎年4900万m^3の土壌が侵食されたが，これは1万haの農地の消失に相当する(Bouzid, 1996)．また，アルジェリアのアトラス山脈中の各平野では，急速な都市の拡大と工場建設のため，広大な耕地が消失している．しかし，これらの平野は山地に囲まれているため，耕地を周辺に拡大することが不可能である．その結果，都市拡大などによる耕地の消失と人口急増が重なって，1963年の1人当りの耕地面積は0.75haであったのに，1979年には0.40haに減少し，2000年までには0.14haにまで減少すると推定されている．過耕作が進み，土壌侵食が加速化している(Sutton and Zaimeche, 1996)．

2) **商品作物栽培の拡大**　乾燥地帯の発展途上国では，植民地時代から落花生や綿花などの商品作物が栽培されていたが，独立後，商品経済の拡大や工業化政策の実行に必要な品物購入のための外貨獲得の方法として，商品作物の栽培を拡大した．これらの商品作物は多くの肥料分と適切な管理技術を必要とする．しかし，発展途上国では両者ともに不十分であったため，土地の劣化を引き起こしたところが多かった．

ニジェールなどサヘルの諸国では，1950年代から1960年代にかけて落花生の生産量が急速に増大した．ニジェールでは1934年の落花生の栽培面積は7万3000haであったが，1954年には14万2000ha，1968年には43万2000haに達し，落花生の輸出高が全輸出高の68%を占めた．この時期に落

花生の生産量が急速に増大した原因として，降水量が多かったことがあげられる．そのため，休閑農法の休閑期間が短縮されて落花生が栽培されただけでなく，元来は放牧地であったところでも落花生が栽培された．落花生の集中的な栽培により地力が落ちていたところに，1968年以降厳しい干ばつが続いたため，落花生栽培地域での大規模な沙漠化が発生した（Grainger, 1990）．

3）**農機具の導入**　耕耘機などの農機具は大規模穀物栽培地域で早くから使用されていたが，自給農業地域でも第二次大戦後，農機具を導入するところが増加してきた．チュニジア南部のサハラ沙漠の北縁に位置するオグラ・マーテバ地域では，年平均降水量が100〜200 mmで羊と山羊の放牧地であったところが，人口が増加した遊牧民を定着させるため，200 km^{2}の放牧地が農機具により耕地化された．また，同じチュニジアのジェファラ地区では，リビアの石油産業で働く農民の送金により農機具が使用されるようになった（Grainger, 1990）．

シリアでは第二次大戦後，地政学的立場の変化から穀物の国内生産を増大する必要が生じた．そのため，ユーフラテス川の北方のジェジラで大麦の栽培地が拡大された．この耕地の拡大は，ジェジラより降水量が多いアレッポ地区の農民が移住してきて行ったが，移住した人数が少なかったために，農機具が導入された（Thomas and Middleton, 1994）．ディスク耕耘機は土壌を強く・深くかき回すため，風食を受けやすくなるし，トラクターはその重さのため土壌を固めるので，細心の注意を払って使用しないと耕地の劣化をもたらす．

4）**農民の出稼ぎ**　商品経済が農村に浸透してくると現金収入を得るため，多くの男性が都市へはたらきに出かける．ケニアでは男性が都市にはたらきに出ている農家が50%にも達している．男性が長期間農村を離れると，男手でないと適切にできない仕事，灌漑用水路の管理や傾斜地の畑の畦の修理などがおろそかになる．その結果，農地が次第に荒廃してきて放棄されると，土壌侵食が急速に進行する．

■ニジェール，ニアメイ付近の固定砂丘地帯における沙漠化

ここでは南雲（1995 a, b）により，ニアメイ東方約 60 km のところに位置するコロ郡バニズンボ村の沙漠化について述べる．コロ郡はサヘルの固定砂丘地帯に位置している（図 2-6-1）．この固定砂丘はサハラ沙漠が拡大していた時期に形成された砂丘で，堆積時期は 4 万年以前と推定している．その後，気候の湿潤化とともに植物に被覆され，固定砂丘となった．

人口の変動　コロ郡は郡の中央部をニジェール川が流れ，またニアメイに近いため人口密度はかなり高い．図 2-6-2 は郡の 1977 年以降の人口変動であり，1991 年以降は年平均人口増加率を 2.8% とした算定数値である．増加量は 25 年間で約 2.3 倍となっている．

聞き取り調査を実施したバニズンボ村は純農村であり，図 2-6-3，表 2-6-1 は調査地域の植生・耕地面積・人口である．バニズンボ村はこの地方では中心をなす村で，小学校もあり，その人口密度はサヘル全体のそれよりはるかに高い．しかし，隣村のトンディキボロ村はサヘルの平均人口密度より低い．このような人口の偏在はサヘルで一般的にみられる現象である．

バニズンボ村での生活様式　この村には生活様式が異なるザマル族とプール族

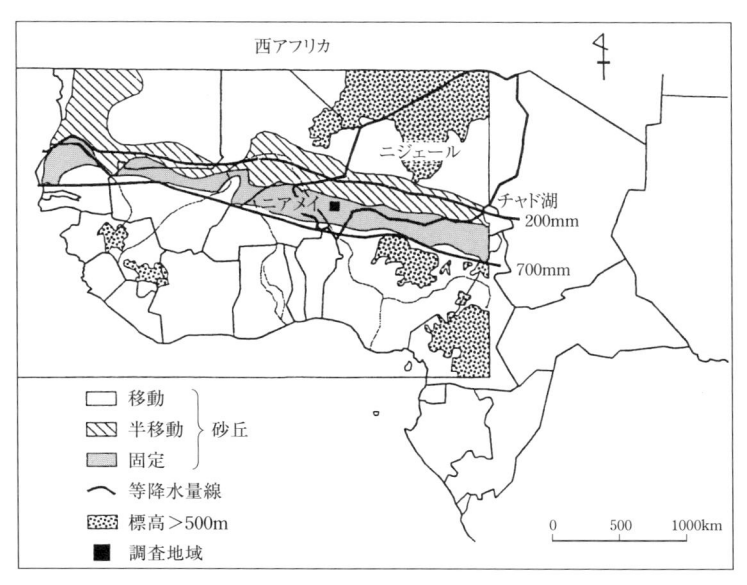

図 2-6-1　西アフリカの固定砂丘分布と調査地の位置（南雲，1995 a）

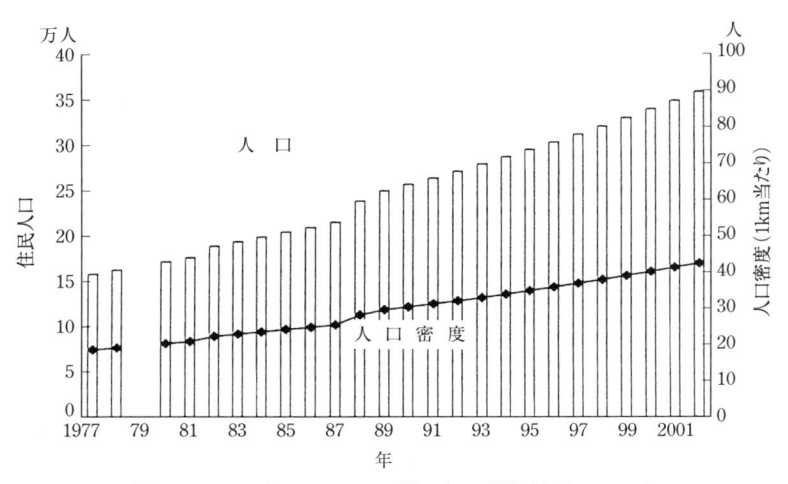

図 2-6-2 ニジェール，コロ郡の人口変動（南雲，1995 b）

が生活しており，ザマル族はこの村の主要族である．土地はザマル族のものであり，土地は子供全体に配分されるため，世代が移るごとに1家族の所有面積は減少する．現在5年程度の耕作と休閑を繰り返しているが，土地生産力を劣化させないためには，数年耕作の後10数年の休閑が必要なので，現在では十分に地力が回復しない状態になっている．管理栽培を行いやすい村落周辺部では連作し，休閑のため耕地が不足する場合，余裕のある隣村の土地を無償で借用する．

ザマル族は農耕を主とした生活を，少数派のプール族は牧畜を主とした生活をしている．前者の平均耕作面積は6.9 ha，後者のそれは3.7 haであり，平均所有家畜は前者が牛3.5頭・山羊と羊2.5頭，後者のそれは牛11.2頭，山羊と羊32.4頭である．両者の生活状況は所有家畜数により大きく異なっている．プール族は家畜の糞を肥料に使用して，1 ha当り約450 kgの穀物を生産し，さらに家畜からの収入があり自給生活をしている．肥料を使用できないザマル族の1 ha当りの穀物の収穫は約270 kgである．この収穫量では生活できず耕地を拡大する必要がある．しかし，人口増加のためすでに休閑期間を3分の1に縮小するほどの過耕作を行っており，耕地拡大が不可能なため，乾季における都会への出稼ぎ，都会に住む親戚からの仕送り，小さな商売などによる収入を得ている．以上のことから，長期の休閑地と低い人口密度を前提としている乾燥農業が，バニズンボ村では破綻していることを示している．

耕地劣化の状態 台地上の表面には土壌が硬くなったクラストが発達している

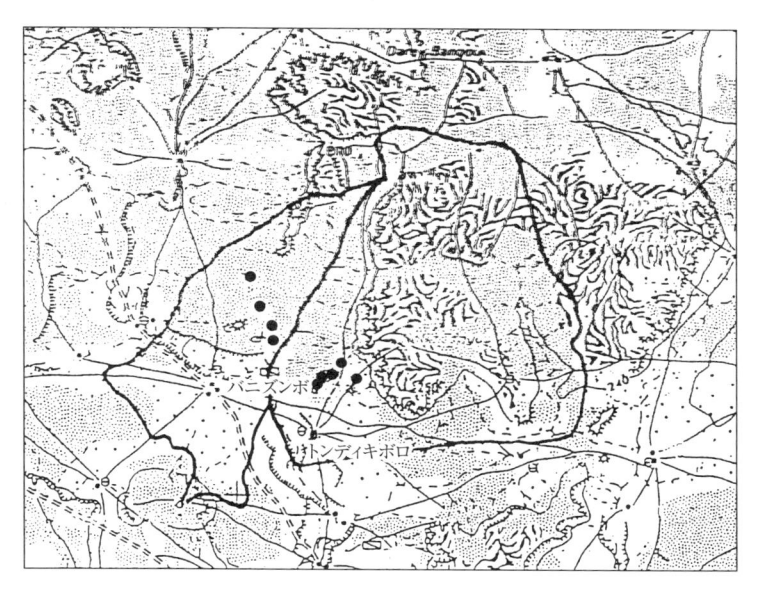

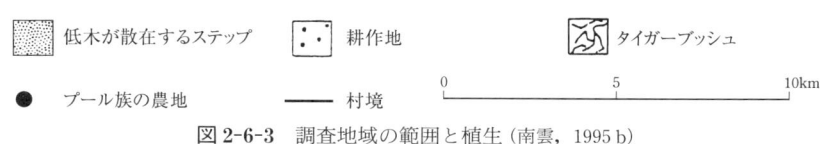

| 低木が散在するステップ | 耕作地 | タイガーブッシュ |

● プール族の農地　　　―― 村境

0　　　　　5　　　　10km

図 2-6-3　調査地域の範囲と植生 (南雲, 1995 b)

表 2-6-1　調査地域の面積と人口 (南雲, 1995 b)

村	面積 (km²)	居住人口	家族数	人口密度 (1 km² 当り)
バニズンボ	27.35	826	106	30.2
トンディキボロ	59.75	252	51	4.2
サハラ南側の サバンナ地帯	3 000 000	25 000 000	—	8

ため，耕地とすることはできない．耕作が可能なのは砂地のところだけである．そのため，可耕地が分布するのはほとんどが台地斜面砂丘より低いところの地形だけであり，台地上ではクラスト上に堆積している砂丘だけが可耕地である．砂層の表層への有機物の集積はきわめて限られているため，肥沃度の低い土壌であるが，透水性があり保水力もあるため，砂層の厚さが2mもあると耕作が十分可能となる．

土地劣化の主な原因としては，1) 強い東風による風食，2) 傾斜地での水食，3) 表面クラストの形成があげられる．東風が吹き降ろす位置にある台地は風食を受けやすく，灌木の伐採や耕作による裸地化と表層の撹乱は砂層の風食を加速させる．その結果，砂層が薄くなると保水量が減少し，土地が劣化し，さらには裸地となり耕作不能となる．

　植被密度が低いこの地域では表面流失が発生し，台地周辺部や台地斜面砂丘の上方部では面状侵食やガリーが発達しやすい．

　砂質土壌にも4％程度粘土物質が含まれているが，植被が破壊されると雨滴が粘土物質の移動と集積をもたらし，表層付近にクラストを形成し，その結果雨水は砂層に浸透しにくくなり，表面流失を引き起こすようになる．

　休閑期間の短縮や連作が砂層表面を弱体化し，土地の劣化をもたらしているのである．

■セネガル北部，ルーガ地域における沙漠化の回復

　ここでは Migongo-Bake (1997) により，セネガル北部，ルーガ地域における沙漠化からの回復対策について説明する．

　対象地域はサヘルの固定砂丘地帯である．主要住民は，農耕に生活基盤をおくウォルフ族と，家畜に生活基盤をおくピュウル族である．彼等は数世紀にわたって，農地と疎林を利用する彼ら固有の生活様式によって豊富な食料を得てきた．

　沙漠化の原因　沙漠化の間接的な原因は人口増加と1974年以降の干ばつであり，直接的な原因は土地利用の変化である．この地域の伝統的な耕作方法は，トキュウと呼ばれる樹木と灌木に囲まれた小区画の農地での自給作物の栽培である．トキュウは休閑農法であり，樹木と灌木の囲いは農作物を家畜と風食から守るために植えられたものである．人口増加とともに休閑期間が短縮されるようになり，また現金収入を得るために栽培作物が落花生とアワの単一栽培へと変わっていた．このような状況のとき，干ばつが発生したのである．

　この地域の年平均降水量は600〜800 mmであるが，1974年以降の平均降水量は200〜300 mmへと急減した．そのため，干ばつによる被害はまず家畜の減少をもたらし，飢餓が牧畜民を襲った．また耕地の乾燥や家畜の糞尿肥料の減少によって耕地が痩せることによる減収のため，農民の収入は減少した．さらに，人口の増大に伴う耕地の拡大や薪の需要の増大により，減少していた樹木や灌木は干ばつにより一層減少した．その結果，風食が強くなり，土地の劣化を加速化させた．そのため，はたらき手の男性は都市や国外へ仕事を求めて村を離れ，60％に近い

女性が子供とともに一時的に家長の役割を任されることになった．

環境回復プロジェクト計画と導入　この地域の環境回復プロジェクトはキリスト教系のNGOである「WVI」（World Vision International）によって，1985年に始められた．全般的な目標は，この地域の人々への水の供給，教育などの事業への支援，より適切な土地利用と土壌保護などにより安定した生活を持続できるように改善することであった．そして，水や仕事を得る機会などの基本的なニーズへの安定的な提供は，家庭の食料を確保する基本的な保証であり，この基本的な保証が環境劣化問題への取り組みに対する必要基盤であるとの理念のもとに，このプロジェクトは立ちあげられた．

ルーガ地域の村々では，水不足の解消が最も重要な問題の1つだったので，1987年以降458本のボーリングを掘削し，手動式あるいは風車式のポンプを提供した．これらのポンプは人口250人以上の集落に掘削され，地下水位をチェックしながら，過剰に汲み上げないように注意しながら使用されている．

プロジェクトの対象となっているすべての村で，耕地を囲む生垣を復活した．15 m^2 ほどの耕地を生垣で囲んで，家畜と風食から耕地を守るトキュウという方法は，前述のとおり古くから行われている．リン酸肥料をあまり必要としない主食のカッサバを栽培した後でトマトを栽培すると，土壌が回復するとともに，集約的な耕作になるので，周辺への耕地拡大を減少することができる．また，飼料を栽培することにより，周辺での過放牧を抑えることができる．

資金を回転させることによる経済の活性化　水の供給と農作物生産に関する計画が定着した1993年に，農民に収入をもたらす新しいプロジェクトが始められた．銀行の利子より安い利子のローンを3〜6カ月グループで借り，このローンで事業を起こした後，他のグループに返済し，多数のグループが事業を始めるプロジェクトである．このプロジェクトは大成功で，ローンは100％返済され，さまざまな事業が立ち上げられた．2，3の例をあげると，生垣で囲まれた畑で栽培された牧草を使用し，家畜を放牧せず肥育する飼育が始められた．女性は羊と山羊を飼育することが多かったが，男性は雄牛の飼育に集中した．ある村では男性のグループが10頭の雄牛を飼育し，4カ月後1人当たり1万5000フラン（30米ドル）の利益を得た．

また，村の鍛冶屋から改良型の手動式落花生搾り機を7万5000フランで購入した女性グループは，落花生脂1リットルを335フランで売ることができ，一家族平均年収が7万フランになった．最も収益が多かったのは食品加工に投資したグループであった．

再生と持続への期待　このプロジェクトが実現させた事業としては，以下のよ

うな事例がある．1) トキュウ耕地の拡大，2) 自然林の再生，3) 村を囲む多目的樹木の植林，4) 家畜の囲い飼いとこれによる土壌の改善，5) 人々の結束と村民自身がこのプロジェクト活動の持続に必要なことを認識したこと，などである．これを可能にしたのは，プロジェクトが一定の回転資金と受益者に対するトレーニングプログラムによって収入を得ることができる確実な基盤を準備したことによる．このような状況のもとで，このプロジェクトは地域住民が環境劣化の問題に対し，高い認識を持つことになった好例を示している．

　以上，沙漠化で疲弊した地域を回復させたプロジェクトを紹介した．通常，このようなプロジェクトを実行した場合，対応に苦慮するさまざまな問題が発生するはずであるが，この点について Migongo-Bake は一切ふれていない．彼が UNEP の関係者であるためであろうか．

(3) 企業的穀物農業

　「商業的穀物農業」とも呼ばれる企業的穀物農業は，新大陸と中央アジアにみられ，主要作物は小麦である．小麦は半乾燥地域でも十分栽培が可能な穀物であり，変質せず相当期間貯蔵でき，消費量も多い．そのため，蒸気船と鉄道の発達により，小麦の遠距離輸送が可能になった 19 世紀後半から，乾燥地帯での企業的穀物農業が急速に展開してきた．この農業の最大の特色は，農機具を使用し小人数で大規模に耕作されていることである．ここではグリッグ (1977)，Beaumont (1989) らにより代表的な企業的穀物農業地域について説明する．

　1) **アメリカ合衆国**　ミシシッピ川以西のプレーリーが耕地化されたのは 1860 年代以降であるが，現在小麦の産地となっているテキサス州西部からノースダコタ州にかけての半乾燥地域で，小麦が大規模に栽培されるようになったのは 1890 年以降である．深井戸の掘削が可能になり，飲用水が深層地下水層から鉄製風車で揚出できるようになったこと，休閑・表土攪拌と，降水ごとに耕耘を繰り返し土壌中に水を保存する農法が導入されたこと，耐乾性の新品種が開発されたことなどがそれを可能とした．1920 年代に小麦生産の最後の進展がみられ，栽培限界のテキサス州西端部・コロラド州東部・ノースダコタ州西端部に達した．また，ワシントン州のコロンビア盆地

でもこの頃から小麦栽培が盛んになり，現在まで続いている．小麦耕作地域としては最も乾燥しているこれらの地域で栽培されるようになった原因は，耕作の機械化が進み，少人数で大規模耕作が可能であり，耕地の価格も低いため，単位面積あたりの収穫量が少なくても東部での栽培より有利になったためである．

　小麦栽培が乾燥限界に達したため，1930年頃に栽培面積は最大に達したが，1935年以降その栽培面積は急減した．1929年の大恐慌により経済が低迷していたところに大干ばつが発生したからである．より乾燥したところでは牧草が播種され，放牧が再び行われるようになった．プレーリーのより湿潤な地域では輪作が奨励され，家畜と小麦栽培を結合した混合農業が行われるようになった．しかし，輪換作物特にマメ科植物の栽培が困難な，より乾燥した地域では農法が改良され，休閑農法が依然として広く実施されるとともに，土壌侵食を防ぐ方法として，深耕を止め小麦の切り株を残したり，等高線耕作や耕地の間に草地を残す栽培を導入するなどの農法が導入された．これに加えて，1940年代は降水量が多かったこと，第二次大戦による地価上昇もあり，アメリカ合衆国の主要小麦生産地であるカンザス州からコロラド州東部と，ワシントン州のコロンビア盆地の小麦地帯とノースダコタ州の春小麦地帯はこの時期に成立した．

　2)　**カナダ**　カナダのサスカチュワン州を中心としたプレーリーで小麦栽培が盛んになったのは，1885年にウィニペグとバンクーバーを結ぶ大陸横断鉄道が完成し，さらに1905年にエドモントンがウィニペグと結ばれた20世紀初頭以降である．この時期，すでに小麦栽培が本格化していたアメリカ合衆国から25万人がプレーリー州へ入植した．北緯49度以北のカナダプレーリーの冬は長いが，内陸に位置しているため，夏高温となり，また4月から9月にかけての有効生育期間に少なくとも降水量が200 mm以上のところが春小麦地帯となっている．カナダプレーリーの小麦地帯もアメリカ合衆国プレーリーのそれと同様に，1930年代に大きな被害を受けた．その結果，プレーリー東部の，より降水量が多い地域では，混合農業が行われるようになった．小麦栽培はサスカチュワン州に集中し，殺虫剤と化学肥料がある程度使用されるようになり，機械化もすすみ農場規模が拡大し，今日に到って

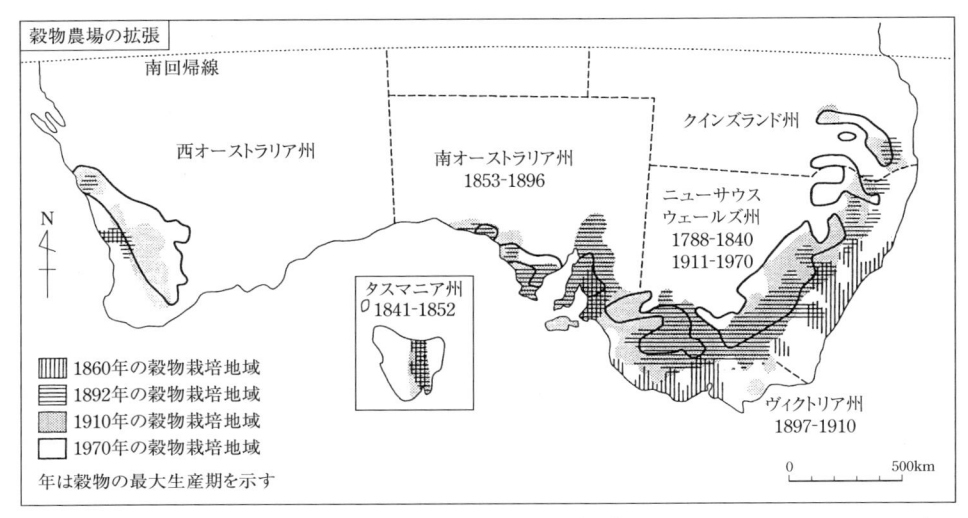

図 2-6-4 南部オーストラリアの乾燥穀物農業の拡大 (Beaumont, 1989)

いる.

3) **オーストラリア** オーストラリアでの企業的小麦栽培が本格的に始まるきっかけとなったのは，イギリスが1846年に「穀物法」を廃止したため，イギリスへの輸出が可能になった時期以降である．1840年代に国内消費用として南オーストラリア州で始まった小麦栽培は，イギリスへの輸出を目的にヴィクトリア州とニューサウスウェールズ州へ拡大していった．1860年代には耕地化しやすい湿潤地域の草地 (grassland) で栽培されたが，1880年代になり農業機械が改良されると，灌木地 (scrubland) となっている半乾燥地域へ移動した．そして，1910年までには小麦栽培の乾燥限界である年降水量250 mmのところまで拡大した（図2-6-4）．

1930年代になると，世界的な経済の低迷による小麦価格の落下に1935年の大干ばつの被害が重なって，小麦栽培地域は大きな痛手を受けた．その結果，小麦栽培を止める者も現れ，小麦栽培地は統合されてきた．また，政府は家畜の飼育との複合農業を勧めてきた．そのため，小麦栽培とともに羊を飼育する農場が増加し，1960年代には農場の平均規模は1000 haとなった．西オーストラリア州での大規模小麦栽培は1950年代から1960年代にかけて急速に拡大したが，ここでの農場は2000 haを超えるものもあり，最初に小

麦が栽培された南オーストラリア州の小麦栽培農場の平均500 haの4倍に達するものもみられる．

4）　**アジア中央部**　中央アジアの小麦栽培地域はボルガ川の東岸から西シベリアのノボシビルスク付近まで，ロシアとカザフスタンの国境を挟んで東西に細長く，1000 km以上にわたって分布している．ボルガ川西方の南ロシアの乾燥地帯が開拓され始めたのは，19世紀前半であるが，1870年代までにモスクワとオデッサおよびロフトフが鉄道で結ばれると，小麦栽培地域は急速に拡大され，この時期ロシアはアメリカ合衆国に次ぐ主要小麦輸出国であった．1880年代末までにはヨーロッパロシアの草原はほぼ開拓されつくし，19世紀末からウラル山脈の東側が小麦栽培地として開拓が始まったが，これには1890年代のシベリア鉄道の建設の影響が大きかった．小麦栽培が東方へ移動するにつれて，より湿潤な西部の小麦栽培地域は混合農業へと変化していった．

東方へ向かった草原の耕地化は第一次大戦で中断し，1917年のロシア革命から1922年のソビエト連邦共和国が成立した時期には，さまざまな問題が生じ，西シベリアの草原の開拓はほとんど進展せず，1930年には個別開拓入植は禁止された．1950年代になって大規模な耕地開発が計画され，1954年から1957年にかけてソフォーズ方式によって，小麦生育期間が130日未満で，年平均降水量が250 mmの南限まで，3600万haが耕地化された．

(4)　企業的穀物農業地域の沙漠化

自給的農業が乾燥農法などの環境に適応した方法で長い間耕作してきたのに対し，企業的穀物農業はほぼ処女地に近い草原を機械を使用し，大規模に耕地化してきた．自給的農業が干ばつにより一時的に打撃を受けながらも時間を経ると回復し，深刻な土地の劣化が発生したのは，20世紀後半の人口急速期以降であったのに対し，企業的穀物農業は生態系が不安定な乾燥した環境に対する十分な対応なしに耕地化をすすめてきた．そのため，干ばつが発生すると収穫量が極端に減少したり，耕地が放棄され，乾燥した土壌が裸出した耕地から大量の土壌が運び去られることがおこってきた．

最もよく知られている干ばつに伴うダストストームによる被害は，1930

年代のグレートプレーンのダストボウル (the dust bowl) で発生した例である．この地域は 1914 年から 1930 年にかけて耕地化されたが，直後の 1931 年から干ばつに伴うダストストームが何年にもわたって発生した．アメリカ合衆国土壌保護局の 1937 年の調査によると，ダストボウルの中心部では 6500 万 ha の耕地の 43％がダストストームによる深刻な被害を受けた．また，モンタナ州とワイオミング州では，1934 年 5 月 9 日のダストストームによって 3 億 5000 万トンの土壌が東方へ運ばれ，11 日にはダストがボストンとニューヨークに堆積し，12 日以降には陸地から 500 km 離れた大西洋上に堆積した．

　過耕作がもたらす主な被害は，砂・土壌の侵食，ガリやアロヨの発生である．これらによる土地の劣化は，過放牧による植生の減少や乾性植物による土地の劣化より面積ははるかに狭いが，ダメージは比較にならないほど大きい．また，過灌漑による被害の面積と比較するとはるかに広いので，次の章で砂・土壌の移動のメカニズムと被害について説明する．

7　表層細粒物の移動

　過耕作による土地劣化現象は表層細粒物の移動であるが，この現象は過伐採・過放牧でも発生する現象であるから，章を改めてこの現象を説明する．
　ここでは「表層細粒物」を「未固結で風が運びうる大きさの表層細粒物」と規定する．具体的には「砂・シルト・粘土・土壌」である．Wentworthの粒度区分によると，砂，シルト，粒土の大きさは，それぞれ$1/2 \sim 1/16$ mm，$1/16 \sim 1/256$ mm，$1/256$ mm 未満である．土壌は砂・シルト・粘土に腐植物などの有機物が混合したものである．表層細粒物は流水・風・重力で移動するが，重力による移動は単位時間当り微量であったり，がけ崩れのように非常に限られた範囲での移動であるから，ここでは流水と風による移動について説明する．
　移動砂丘には有機物が含まれず，降水は砂丘内部へ浸透するため，水食を受けることはまれである．固定砂丘は表層に有機物が堆積しており，また固化しているために，流水のはたらきと風のはたらきの両方を受ける．しかし，有機物は表面近くに薄く沈積しているにすぎないので，固定砂丘が移動砂丘へと変化すると，水のはたらきを受けなくなる．有機物を含まないシルト・粘土が堆積しているところは氷河と超乾燥地域の周辺に限られ，沙漠化とは直接関係ない範囲である．
　水食は雨滴（splash）侵食，布状（sheet）侵食，線状（liner）侵食に分類される．風のはたらきは，風食と砂沙漠の砂の移動に分類される．風食は吹き飛ばされた砂で基盤などが削剥されるアブレージョン（abrasion）と，未固結の細粒物が吹き飛ばされて平坦地形が侵食されるデフレーション（deflation）に分類される．以上は地形学的な分類であるが，沙漠化の視点では土壌侵食と砂丘の移動に分類される．両者の分類にはずれがあるが，ここでは水食，風食，砂丘の移動に分類して説明する．

(1) 水食作用

1) 水食の分類

1) **雨滴侵食** 地表面に直接当る雨滴は土壌に衝撃を与え，結合している土壌粒子をばらばらにし，傾斜地では重力のはたらきにより土壌粒子が斜面を移動する．雨滴侵食に影響を与える要因としては，雨滴の大きさと衝撃のエネルギー，土壌構造，斜面勾配，植被などがある．

2) **布状侵食** 平滑な傾斜地を布状に広がって流れる水による侵食．雨滴侵食によって土壌がばらばらになっている斜面では侵食速度が速くなる．斜面全体が侵食されるために，線状侵食ほどには目立たない．しかし，木の根や柵の基部が露出してくるので，その侵食量を知ることができる．

3) **リル (rill) 侵食** 最初の線状侵食である．斜面上に浅い凹地があると，布状に流れていた水はこの部分に集まる．その結果，流速が速くなり，乱流も発生し，線状侵食が始まる．この線状侵食がリル侵食である．リルの深さはせいぜい数 cm である（写真 2-7-1）．

4) **ガリ侵食** リルが大きくなった溝がガリである．リルがどの程度大き

写真 2-7-1 リルが発達している比較的急な斜面―アリゾナ州のペインテドデザート

写真 2-7-2 アリゾナ州アクーラ山地の過放牧で発生したアロヨ

くなるとガリになるか，具体的な規模は曖昧であるが，UNEP (1992) はガリを幅 30 cm 以上，深さ 60 cm 以上の溝と規定している．ガリは平滑な斜面に切り込むように形成され，上方と下方へ急速に拡大していく．アメリカ合衆国西部では，気候変化や人為的原因で形成されたガリはアロヨ（arroyo；写真 2-7-2）と呼ばれている．ガリが成長すると河川になるが，現在みられるガリはその成因がほとんど人為によるものである．自然現象としてガリから河川への発達には長時間かかり，観察することは不可能である．

2) 水食に影響を及ぼす要因

水食に影響を及ぼす主な要因としては次の4つがあげられる．

1) **気候特性**　沙漠化が生ずる乾燥地帯の降水特性は，その絶対量が少ないだけでなく，無降水期間が長い．そのため，被植がまばらなことは流水による侵食を加速させる．また，乾燥地帯の降雨はしばしば豪雨となる（表 2-7-1）．豪雨時の流水は奔流となり，浸透量が少なく流速が速いため侵食力の強い流れとなるが，植生がまばらなため侵食力がさらに大きくなる．そのため，乾燥地帯を流れる河川の荷重は多く，湿潤地帯のシベリアのエニセイ川の荷重が流水 1 m³ 当り 20 g，アルゼンチン北部のチャコ川では 20 kg であ

表2-7-1　乾燥地帯の代表的な豪雨（Walton, 1969; Goudie and Wilkinson, 1977 より抜粋）

場所	年月	年平均降水量 (mm)	豪雨の時の降水量
カイロ（エジプト）	1919年	24	43 mm/1 日
アオズー（中央サハラ）	1934年5月	30	370 mm/3 日間
リマ（ペルー）	1925年	46	1524 mm/1 年間
シャルジャ（アラブ首長国連邦）	1957年	107	74 mm/50 分
タマランセ（アルジェリア）	1950年9月	27	44 mm/3 時間
ビスラ（アルジェリア）	1969年9月	148	210 mm/2 日間
エルジェーム（チュニジア）	1969年9月	275	319 mm/3 日間
デュールバジ（インド）	不明	127	864 mm/2 日間
ダマスカス（シリア）	1945年2月	234	76 mm/ひと朝

るのに対し，乾燥地帯を流れるアメリカ合衆国のリトルコロラド川では78 kg，ブラジルのリオグランデノルテ川では144 kgである．

　2）　**植被**　植被は土壌流出を大きく左右する要因である．植被が少ないほど1）雨滴侵食力が大きく，2）流速が速く，3）土壌粒子保持能力が弱く，4）土壌中に留まる水の量が少ない．Sundborg and Rapp (1986)はタンザニア中央部のドドマ地区で，植被の相違による表面流失量と侵食される土壌量の相違を実験計測した．計測されたところの平均降水量は400〜600 mm，地形はペディメントと呼ばれる侵食緩斜面である（図2-7-1）．このペディメントの勾配が3.5度で，植被が①放牧されたことのない疎林地，②草地，③アワ畑，④過放牧で裸地となった斜面，の4カ所で2年間計測した．結果は図に示されているように，表面流失量・土壌侵食量に大きな違いがあることが明らかになった．

　3）　**土壌**　土壌の，水食の受けやすさは次の3つの要素で決まる．1）粒度：粒径が0.25〜1 mm程度の粗い土壌は侵食されやすいが，粘土だけまたは粘土を含む土壌は結合しやすく水食を受けにくい．乾燥地帯では，植被が少なく風が強いため粘土物質は風で運ばれ，粘土を含有する土壌は少ない．2）有機物の含有量：有機物を多く含む土壌ほど浸透性が高く土壌中に留まる水の量が多くなり，水食を受けにくくなる．また，有機物には粘着性があり，土壌を固まりやすくし，水食を受けにくくする．乾燥地帯には有機物の起源となる生物が少ないため，有機物の含有量は少ない．3）土壌構造：土壌表面が固まっているかクラストが発達していると，表面流失の割合が大き

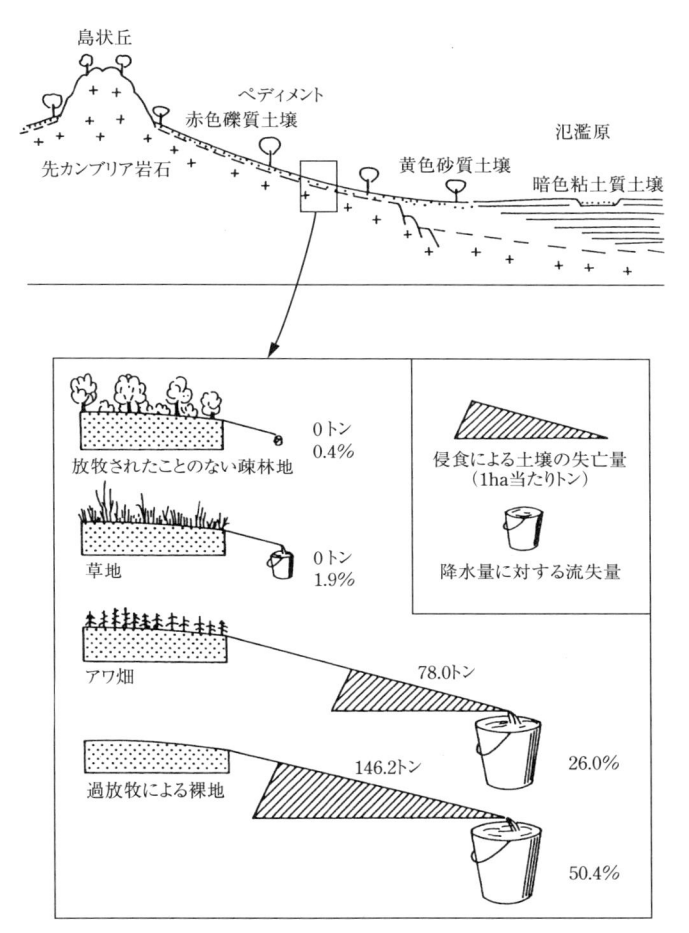

図 2-7-1 植生の相違が表面流失量と土壌侵食に与える影響 (Sundborg and Rapp, 1986)

くなる．また水分が留まりやすい土壌は表面流失量を小さくし，植物の生育を容易にする．乾燥地帯の土壌表面には厚さ 1〜2 mm のクラストが形成されやすい．その原因は雨滴で固められやすいこと，土壌中の水分が蒸発しやすいため急速に乾燥することなどである．

4) **地形** 流速は斜面が急になるほど，長さが長くなるほど速くなり，流水のエネルギーは速度の 2 乗に比例する．そのため斜面の基部に近いところ

7 表層細粒物の移動——131

ほど侵食量が大きくなる．

3) 水食による土地の劣化と面積

　水食による土地の劣化は乾燥地帯に限られた現象ではなく，中国・ヴェトナム・タイやカリマンタン島などでも水食による著しい土地の劣化が広い範囲にわたってみられる (UNEP, 1992)．その原因は人口密度が高いことによる不適切な土地利用や乱伐であると推定される．乾燥地帯ではアメリカ合衆国のグレートプレーンとワシントン州の小麦作地帯，南アフリカの西半分など，人口密度が非常に小さいところでも水食による土地劣化が著しく，前述のように乾燥地帯の自然環境の特性が流水侵食を受けやすいことを示している．

　UNEP (1992) は水食による土地劣化を 4 段階に区分し，大陸別と乾燥度の各段階ごとの面積（表 2-7-2, 3）と分布 (UNEP, 1992) を示している．

　軽微　深さ 50 cm 以上根を伸ばすことのできる土壌の A 層 (topsoil) が一部剝離されている．浅いリルが 20〜50 m の間隔で発達している．放牧地では多年生植物の被覆あるいは原生または最適の植物により少なくとも 70% 以上被覆されている．

　激しくない　すべての A 層の消失．間隔 20 m 以内でのリルの発達．間隔

表 2-7-2　乾燥地帯の水食による土地劣化の程度別面積（単位 100 万 ha）(UNEP, 1992)

程度	アフリカ	アジア	オーストラリア	ヨーロッパ	北アメリカ	南アメリカ	計
軽微	28.5	49.6	67.5	6.4	10.3	12.8	175.1
激しくない	36.6	91.2	2.1	38.0	23.9	16.7	208.5
激しい	51.5	16.7	0.0	1.4	4.2	5.2	79.0
非常に激しい	2.5	0.0	0.0	2.3	0.0	0.0	4.8
計	119.1	157.5	69.6	48.1	38.4	34.7	467.4

表 2-7-3　乾燥地帯の乾燥度別，水食による土地劣化の面積とそれぞれの地域の土地面積に対する割合（単位 100 万 ha）(UNEP, 1992)

乾燥亜湿潤	半乾燥	乾燥	超乾燥
140	213	113	11
11%	9%	7%	1%

写真 2-7-3 中国，蘭州近郊の急勾配の畑

20～50 m でガリの発達．表土層の一部消失と 20～50 m の間隔でのリルの発達．放牧地では，多年生/原生/最適植物の被覆が 30～70％に減少．

激しい 中程度の深さのガリが 20 m 以内の間隔で発達していることと，すべての A 層と一部の B 層（subsoil）が C 層（deep soils）の面から剝離されるとともに，中程度の深さのガリが 20 m 以下の間隔で発達している．すべての A 層が薄い土壌層（thin soils）の面から剝離され，基盤岩石，風化した基盤岩，パン（pan）・硬結した硬い土層が露出している状態．放牧地では，多年生/原生/最適植物の被覆が 30％以下．

非常に激しい 一般的には土地が再生不可能な状態．

水食が特に著しいところは急傾斜の耕地が広い地域，段々畑による伝統的な土壌保全とこれによる耕作システムが崩壊した地域である．前者の例としては，スペイン南東部のムルシア地方，中国黄土高原（写真 2-7-3），エチオピア北部高原，カメルーンのアダマワ高原などがあげられ，後者の例としてはイエーメン高地などがあげられる．

(2) 水食対策

乾燥地帯で樹木が生えているのはほぼ乾燥亜湿潤地域と半乾燥地域に限ら

れ，疎林となっている．この疎林を伐採すると日陰がなくなり，土壌がある程度乾燥し，下草がいくらか減少することがあるが，樹木を搬出するとき灌木や下草を破壊しない限り，水食が加速されることはまずない．しかし，疎林帯が耕地化されると流水侵食を受けやすくなる．

放牧地の場合，十分管理され，牧草が減少しない限り水食が加速されることはないが，過放牧が始まり，牧草が減少してくるとともに水食の加速化が始まり，裸地になると急速に侵食力が大きくなる（写真2-5-11）．耕地の場合，自然植生をすべて剝ぎ取り，さらに耕すことにより土壌を撹拌するため，適切に耕作していても水食は進む．乾燥地帯で休閑農法が行われてきた原因は，土壌中の水分を集中的に使用するとともに，自然植生を復元し，さらには土壌中に腐植物を貯えることによる．

水食対策にはそれを未然に防ぐ方法と，水食を受けた土地を回復する方法がある．

1) 水食防止対策

水食を防止するためには，1) 雨滴の衝撃を防ぐ，2) 土壌の浸透力を高める，3) 流速を減少する必要がある．疎林伐採の場合，放牧地や耕地に変換されない限り，樹木を適切に回復すれば水食は発生しない．放牧地での対策は耕地での対策と共通しているので，ここでは耕地での対策について説明する．

Pimentel *et al.* (1987) などによると，熱帯・温帯の農地ではA層が層厚 2.5 cm または 340 t/ha 生成されるのには 200〜1000 年かかる．これは1年当り 0.3〜2 t/ha に相当する．アメリカ合衆国農務省は農産物の生産の低下をもたらさない最大土壌侵食量を，Larson *et al.* (1983) によると 11.2 t/ha/年，木村 (2000) によると 5 t/エーカー/年と決めている．これらの数値を目安として，耕地での水食対策としては下記のような対策が実施されている．

  1) **作付様式**　単一栽培では，収穫後次の播種までに間隔があくとともに土地が痩せるので，土壌保全には輪作が有効である．たとえば穀物とマメ科作物を隔年で耕作したり，春先から初夏にかけて収穫する作物の畝を少し広く取り，その間に秋季に収穫される作物を前者が成熟する前に播種すると，

耕地が裸地となる期間がなくなり，土壌保全に有効である．また農作物と牧草を等高線沿いに交互に栽培し，さらにそれぞれの境界に多年生植物で畦をつくると，風食を防ぐとともに流水侵食を減少させる．また畦に植えられた多年生植物は，種類によって飼料や燃料として利用できる．アフリカで行われている長期間の休閑農法は地力の回復とともに水食に対する対策でもある．

2) **耕地管理**　土壌整備：乾燥地帯での降雨はしばしば豪雨となるため，土壌が叩きつけられ硬くなる．そのため1回の降雨で，しばしば表面流失が50％を超すことがある．この表面流水は土壌にクラストを形成するので，さらに浸透水量が減少する．そのため，土壌表面の固化を防ぎ，浸透水の割合を大きくする耕作方法が必要である．そのためには雨季の初めに耕耘して土壌をほぐしておく．この耕耘を等高線沿いに行うとさらに有効である．

水盤耕地 (basin tillage)：等高線沿いに畝をつくり，さらに畝の間にところどころ土をおいた窪地のある耕地が「水盤耕地」である．耕地をこのように整地すると，窪地に水が溜まり浸透水量が多くなるし，土壌移動も防げる．傾斜地での耕地では，低い方の畝を高くするとより効果的である．この整地方法が土壌侵食に対して効果があることは各地で認められている．イスラエルでディスク耕耘機が使用された耕地では耕地が平坦になるため，侵食された土壌の量が畝式耕作の10倍，水盤耕作の25倍以上であったことが報告されている．

地表被覆：農学関係者の間でマルチ (malch) と呼ばれている，ワラや刈り草を敷く方法である．ワラや草で被覆すると雨滴の衝撃を防ぎ，浸透を加速させ，表面流失を減少させ表面クラストの形成を防ぐ．また土壌を多孔質にし，流水の浸透度を高める．敷きワラ・敷き草をすると，しばしばシロアリが巣をつくるが，このアリの巣も流水の浸透度を高める．

土壌改良：乾燥地帯の土壌は腐植物が少ないので，堆肥を投入することにより土壌を改良する．土壌が肥沃化し，生産力が高まると作物により土壌流失を減少させ，また腐植物が増えることにより，多孔質の土壌となり保水力が高くなる．乾燥地帯の土壌は粘土が不足し，さらさらしているので，ウレソール (uresol) などを投入し，土壌粒子を結合させる．また，砂地など浸透性の高い耕土ではアスファルトやビニールを土中に敷き，浸透水を遮断し，

農作物が水を多く吸収するようにする．

3）　**流水管理**　流水をコントロールし，余剰水を安全に処理することは，水食対策の基本の1つである．その主な方法としては，次に説明する3つがあるが，築造工事と補修が必要なため，資金と技術の点で小農は実行できない場合がある．

貯水：乾燥地帯の降雨はしばしば豪雨になるため，降水が一気に畑に流入しないように囲いを築造し，貯水池まで導入する方法である．畑の周囲の丘陵や傾斜地の畑では畑の中に溝を掘り，流水を畑の外へ誘導する方法がとられているところもある．

耕地での流水を減速させる方法：これには2つの方法がある．傾斜が緩やかな耕地では等高線沿いに畦を築造し，流水を遮断して流速を落とし土壌中に浸透させる方法である．穀物など流水を遮断する力が弱い作物を栽培する場合，畦の間に牧草などの流水を遮断する作物と交互に栽培すると，より効果がある．傾斜が急なところでは階段畑が土壌侵食を減少させる．階段畑は石垣の補修を十分にしないと崩れ，石垣の上と下の畑を荒廃させることがある．セメントを使用すると堅牢であるが，コストがかかる点に問題がある．

ガリ侵食の抑制：ガリ侵食を抑制するためにはチェックダム（check dam；流水を抑制するダム），蛇カゴ，落し工法（drop structure）が必要である．チェックダムを連続して築造して流速を落し，土砂の堆積を促進する必要がある．ガリの下流になるにつれてその規模が大きくなるので，砕石などで堰堤を築造し，洪水で堰堤が破壊されないようにしておく必要がある．落し工法はガリを急速に発達させる速い流水の速度を落す工事で，ガリの底に階段状に段差を築き，ガリの勾配を緩やかにして流速を落す工法である．

2）　水食を受けた耕地の回復

布状侵食を受けている耕地も浅い凹地の形成が契機となって線状侵食へと変化するので，ほとんどの場合ガリ侵食を受けた耕地を回復することになる．ガリの形態は斜面の比高や土壌の特性から多様であるが，ガリの側斜面は急傾斜の場合が多い．ガリの侵食の進行によるその形態の変化は，小規模な侵食輪廻の形態変化をたどる．斜面の比高が小さい場合，耕地面が残っている

間にガリの下刻が終わり,流水は側方侵食を始めるため,氾濫原が形成される.そのため,急なガリ壁をへだてて平坦な地形面が2段出現する.

斜面の比高が大きい場合,ガリが深くなるため,耕地面が消失しても下刻が進むと急傾斜のガリ壁になる.いわゆる「壮年期地形」が形成される.やがてガリの縦断面勾配が平衡に達して下方侵食が止まると,尾根の部分の侵食が進み丸みを持った形態となり,いわゆる「晩壮年期」「老年期」の形態へと変化していく.

「壮年期」までのガリ地形では,土壌のA層はすべて,場合によってはB層も侵食されてしまっているので,大規模に地形を改変し,多量に肥料を投入しないと耕地は回復しないので,まず経済的には採算に合わない.そのため,下流へのガリの拡大の阻止,土壌の流出を防止するため,乾燥に強い樹木や草の種子を播種する作業を行うことが効果的である.

「晩壮年期」以降や,ガリの間隔が広くガリ壁が比較的緩やかなところでは,地形を改変して耕地化しても経済的に採算に合う場合がある.ここではインドで行われた耕地回復の例をBhushan *et al.* (1992)によって紹介する.

■インド,ヤムナ川流域でのガリ地形の改善

インドでは,激しいガリ侵食で荒廃した地形の面積は400万 ha に及ぶ.最も広い面積をしめるのがウッタルプラデシュ州・ラジャスタン州・マッディヤプラデシュ州にまたがるヤムナ川流域である.この流域の地形は緩やかに起伏しており,過放牧・過伐採・過耕作が原因で,ガリにより著しく侵食された.そのため,ウッタルプラデシュ州が571 ha を対象にし(図2-7-2),モデル事業としてガリ地形改善工事を行った.

自然環境 571 ha のうち,ほぼ30%が勾配7.5%以上であり,さらに30%が勾配3〜10%である.表面流出量25〜30%.土壌侵食量は65 t/ha/年であり,A層はすでに消失しておりB層が露出している.図2-7-2によると,このガリ地形は「晩壮年期」から「老年期」に近い形態をしており,この形態が改善工事を可能にしたと推定される.

雨季は6月の最後の週から始まり,7〜9月に年降水量の約85%が降る.この雨季はしばしば短期間で終わり,そのたびに生長期農作物に打撃を与える.

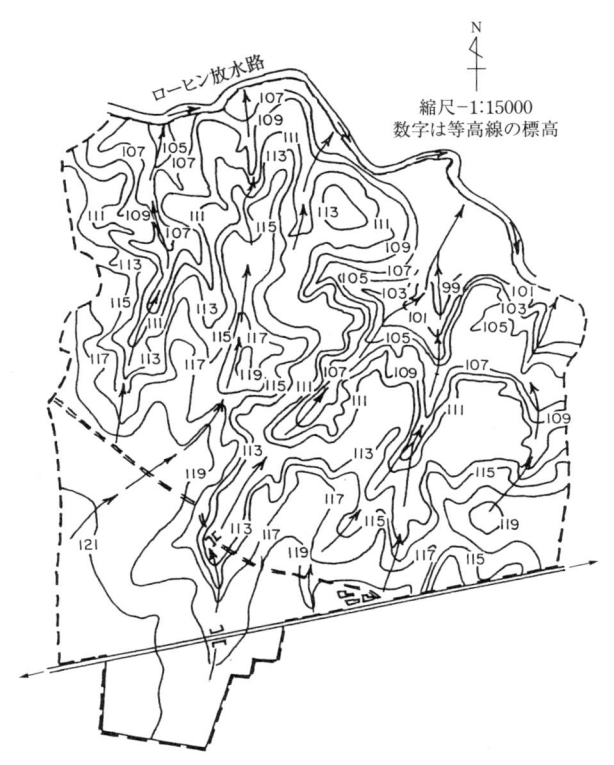

図 2-7-2 調査地域の地形 (Bhushan et al., 1992)

改善事業の内容　事業の目的は，社会経済的に貧しく，播種の量・時期・方法についての知識が乏しい地元の農民に，適切な土地利用を知らせるモデル事業であった．耕地改変工事は，1) 緩やかな斜面 28 ha には畦を築造し，2) 勾配 10% 以上の斜面は階段状の平坦な畑 (52 ha) を造成，3) ガリに排水管を敷き，V 字状の地形を階段状に埋めて耕地化する (182 ha)，というものであった．ガリを埋める土はガリの上流側の谷壁を削る方法で，上流側に平坦地を造成するとともに，下流側を埋め立てて平坦地を造成した．

以上の工事を実行するとともに，347 ha の耕地に，従来の方法での耕作と，改良された種子に中程度レベルの肥料を投入した耕作を行った．結果は表 2-7-4 のように収穫量が大幅に増加した．この事業に使用した費用と収益を計算すると，事業費 162 万 5000 ルピーに対して収益 413 万 4000 ルピーで，非常に有益な事業

表 2-7-4 ガリによる土地劣化を改良した成果 (Bhushan et al., 1992)

改良の内容	農作物の収穫量 (100 kg/1 ha)				
	ギニアコーン (1986–87)	緑ヒヨコ豆 (1986–87)	ヒヨコ豆 (1986–87)	ヒヨコ豆 (1987–88)	小麦 (1987–88)
改良の工事をせず	15	2.2	6.3	6.5	10.5
ガリの埋め戻し	25	4.6	5.6	7.5	23.7
等高線状の畦の築造	—	—	13.0	11.5	23.1
階段状の耕地の造成	34	4.1	12.0	8.6	26.9
品種改良と施肥	40	5.5	—	11.6	36.5

であったことが明らかになった．

以上がヤムナ川流域でのガリ地形改善事業の概要であるが，政府の資金と技術援助なしで農民がこのような事業が行えるか検証が必要であろう．

(3) 風食作用

風食は前述のようにアブレージョンとデフレーションに分類されるが，風食のほとんどの営力はデフレーションである．砂丘の移動は別項で説明するので，ここでは対象を土壌だけにして説明する．

土壌が風で運ばれるか否か，どの程度運ばれるかは 1) 風の吹き方，2) 土壌特性，3) 地表面の状態で決まる．

1) 風の吹き方

風食の強さを決める要因としては，1) 風速，2) 継続時間，3) 頻度，4) 風向，5) 乱流度などがある．これらの要因のうち風速が一番重要と考えている研究者が多いが，乱流が未固結物を地表から剝ぎ取る直接的な原因となっているので，乱流を伴う強風が一定方向から一定時間吹くと著しい風食が出現するということである．

土壌はその粒度の大きさにより運搬され方が異なる．粒子の小さいものから浮遊 (suspension)，跳躍 (saltation)，匍行 (surface creep) に分類されている．「浮遊」は粒子が上空に吹き上がり，なかなか落下しない現象である．強風で細粒物が多量に吹き上げられ，視界が 1 km 以下になるとダストストームと呼ばれる．ダストストームにより塵埃は遠距離まで運ばれ，中央

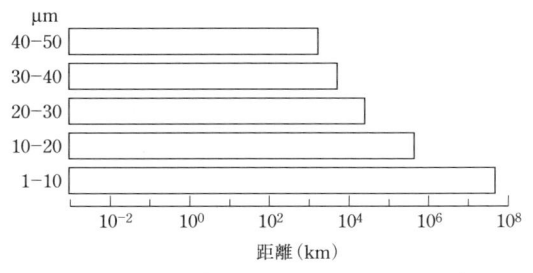

図 2-7-3 大きさの違いによりダストが運ばれる距離の相違 (Livingstone and Warren, 1996)

　アジアからアラスカや熱帯太平洋などへ1万 km 以上も運ばれた例が報告されている (Goudie, 1983)．Livingstone and Warren (1996) によると，Pye and Tsoar (1987) は運搬される粒子の大きさと運搬される距離を図 2-7-3 のように整理している．

　乱流により持ち上げられ，浮上した細粒物は風下へ空中移動するが，同時に重力がはたらくためすぐ落下する．落下したところが礫の上の場合，さらに大きく跳躍する．落下点が細粒物の場合，衝突を受けた細粒物が跳躍する．これが「跳躍」である．

　粒子が大きくなると跳躍はできなくなるが，表面を回転しながら風下方向へ移動する．この移動が「匍行」である．粒子がさらに大きくなると，どのような風が吹いても移動しなくなり，礫沙漠（写真 2-7-4，5）が形成される．

　浮遊・跳躍・匍行を受ける粒子の大きさについては，多くの研究者がさまざまな数値をあげている．しかしこの3形態の移動は粒子の大きさだけではなく，風の吹き方，後述の粒子のおかれている状態，地表の状態によっても異なる．このような要因のさまざまな組み合わせの結果による数値を多く指摘するのは繁雑すぎるが，具体的な数値がないと見当がつきにくいので，平均的な数値として Thomas (1997) に示されている数値をあげておく．浮遊＝粒径 0.06 mm 以下，跳躍＝0.06〜0.5 mm，匍行＝0.5 mm 以上．粘土とシルトの大部分が浮遊の対象になるということである．

写真 2-7-4　礫沙漠―エジプト中央部のサハラ沙漠

写真 2-7-5　デザートペーブメント―アリゾナ州南西部

2) **土壌特性**

　土壌には風食に対する抵抗を決めるさまざまな特性がある．1) すでに説明した粒子の大きさ．粒子が大きいほど風食を受けにくい．2) 粘着性．土壌の粘着性は次の要因により決まる．大部分の土壌は細砂・シルト・粘土で

構成されているが，粒度が小さいものが多いほど結合力が強く，風食を受けにくい．湿度も結合力に大きな影響を与え，粒子の小さい分子が多い土壌ほど水分の含有量が多く結合力が大きくなる．寒冷地では土壌が凍結するが，凍結している時には非常に硬くなっているため，風食を受けにくい．しかし融解すると土壌が融かされるため，風食を受けやすくなる．土壌が凍結と融解を繰り返すところが周氷河地域であり，温度の日変化で凍結・融解を繰り返す高度の高い周氷河地域は風食を受けやすい．

　湿度と関連して，乾燥地帯での雨滴のはたらきも風食に影響する．シルトや粘土など粒子が小さい地表面を打つと，表土を固めてクラストを形成し風食を受けにくくするが，粒子が粗い地面を打つと粒子を分散させる上に，地表が急速に乾燥するため風食を受けやすい．

　有機物にも土壌を固める働きがある．有機物が腐食して，細粒になるとともに土壌を結合する性質が生じてくる．腐食し始めた状態のものを土壌量の1～6％投入すると，土壌の結合力が高まり風食対策となるが，4年もするとその能力が低下してくるので，定期的に有機物を投入する必要がある．塩類も土壌を結合させるはたらきがあり，地表にクラストを形成するので風食に対して強い土壌をつくるが，反面塩類が多くなると塩害が出て土壌を悪化させる．

3）　**土地表面の特性**

　植物は風食に対して最も重要なはたらきをする要因である．一般的に丈の高い柔軟性のある植物が密度の高い状態で生えていると，風食に対して最も抵抗力が強い．植物の種類によっても違いがあるが，最も抵抗力があるのは牧草（grass）である．牧草は枯れても，枯草が地面を被覆して風食を妨げ，また腐植物となって前述のように土壌を結合させる．

　地形の相違も風食に影響を与える．斜面が短い場合，風上側の斜面の上部で風速が最も速いし，斜面に突出部や窪地がある場合，風食作用が変化しやすい．地形の規模が大きい場合，谷底で強風が吹きやすい．乾燥地帯の平原では，高温となる昼間に強風が発生しやすい．

表 2-7-5　乾燥地帯の風食による劣化面積（単位 100 万 ha）（UNEP, 1992）

程度	アフリカ	アジア	オーストラリア	ヨーロッパ	北アメリカ	南アメリカ	計
軽微	78.1	80.5	15.9	1.3	2.6	18.8	197.2
激しくない	74.2	62.9	0.0	36.6	33.6	8.1	215.4
激しい	6.6	9.7	0.1	0.0	1.6	0.0	18.0
非常に激しい	1.0	0.1	0.0	0.7	0.0	0.0	1.8
計	159.9	153.2	16.0	38.6	37.8	26.9	432.4

4）風食による土地劣化度と面積

　水食による土地劣化が湿潤地帯にも広く分布しているのに対し，風食による土地劣化はほぼ乾燥地帯に限られている．これは植物被覆と土壌中の湿気が風食を阻む重要な要因になっているためである．

　UNEP（1992）は土地劣化を 4 段階に区分し，大陸別に各段階ごとの面積（表 2-7-5）と分布（UNEP, 1992）を示している．

　軽微　土壌が厚いところ：A 層が部分的に，または面積の 10～40% が剥離され，深度 5 cm 以下の窪地（hollow）が形成されている．土壌が薄いところ：全体の 10% 以下が剥離され，窪地になっている．放牧地：原生/最適性の多年生植物に面積の 70% 以上が被覆されている．

　激しくない　土壌が厚いところ：A 層がすべて剥離されているか，面積の 40～70% が深度 5 cm 以下の窪地となっている．または 10～40% が深度 5～15 cm の窪地になっている．土壌が薄いところ：A 層が部分的に剥離されるか，10～40% が深度 5 cm 以下の窪地になっている．放牧地：原生/最適性の多年生植物に面積の 30～70% が被覆されている．

　激しい　土壌層の厚いところ：すべての A 層と一部の B 層が剥離されているか，70% 以上の面積が 5 cm 以下の窪地になっているか，40～70% の面積が深度 5～15 cm 以下の窪地になっているか，10～40% が深度 15 cm の窪地/ブロウアウト（blowout）になっている．土壌が薄いところ：すべての A 層が剥離され，基盤に硬いパンが露出している．放牧地：原生/最適性多年生植物の被覆が 30% 以下．

　UNEP（1992）の図には「非常に激しい」の凡例があるが，本文には説明がない．

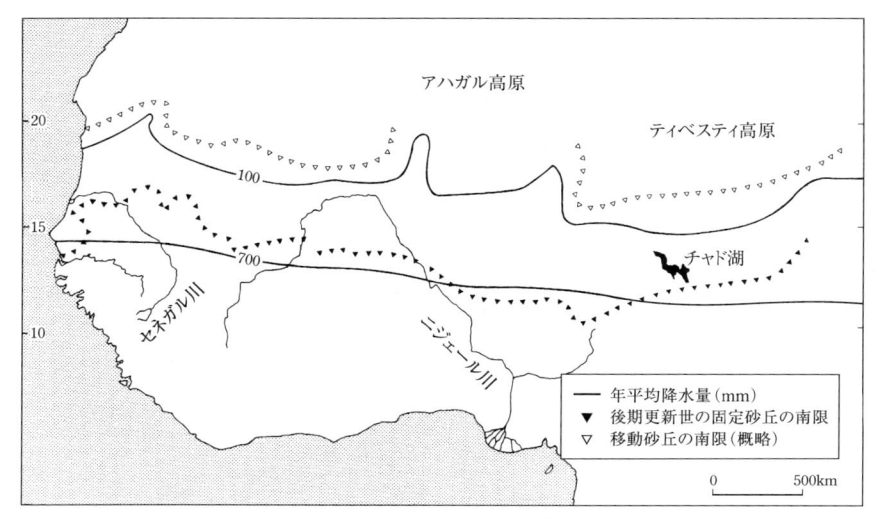

図 2-7-4　サハラからサヘルにかけての移動砂丘と固定砂丘の南限（Cooke *et al.*, 1993）

5) 風食が激しい代表的な地域

　風食が激しい地域は固定砂丘が耕地化されたところか，大型農業機械が導入されたところとほぼ一致している（Middleton, 1990 など）.

　1）**サヘル**　サハラ沙漠は更新世の末期には拡大しており，現在のサヘルには広い範囲にわたって移動砂丘が発達していた．その後，降水量が増加してサハラ沙漠の南縁は北上し，降水量が増加するとともに，サヘルの砂丘は植物により固定された（図 2-7-4）．この固定砂丘地帯は長期間休閑農法など自然に逆らわない方法で利用され，干ばつ時には一時的に疲弊することはあっても，放牧地や耕地は回復してきた．第二次大戦後，人口の急増が始まったが，たまたま 1950 年代中頃から 10 年間ほど多雨の年が続き，食料の増産が可能であった．しかし 1960 年代末からの大干ばつにより急増した人口を支えることができなくなり，急速に土地劣化が進んだ．A 層は一番土壌化が進んだ層であり，肥沃であるとともに粒子が一番小さいため，干ばつで乾燥し，農作物のできが悪くなったり，放棄されて裸地になると激しい風食作用を受ける．A 層が剝離されると，降水が回復しても土地が痩せているた

め，干ばつが発生するとともに風食が著しくなっている．

2) **中国** 中国で風食が激しい地域は，黄河が逆U字型に流れているところに位置するオルドスから内モンゴル東部である．オルドスは黄土地帯であり，内モンゴルには固定砂丘が広く分布している．中国は社会主義政府成立後「社会主義社会では失業は生じない」との見解により人口増加政策を実行した．その結果，急増する人口に対する食糧増産の1つの手段として草原の耕地化が進められた．ところが十分な土地管理を伴わず耕地化されたため，土壌粒子が小さい黄土地帯と，固定砂丘地帯で風食が著しく進んだ．

3) **マグレブ** マグレブの農耕方法が大きく変わったのは，19世紀にフランスの植民地となり，フランス人が農業経営者になってからである．それまでの耕具はくわで，土壌を掘り返すというよりはひっかく程度に耕していたが，穀物は十分根付いていた．この方法で休閑期をはさみながら行うのが伝統的な農法であった．しかしフランス人は農耕馬を導入し，くわで耕す深さの2倍も掘り返し，土塊を押しつぶす農法を導入したため，土壌構造が変わってしまった．さらにアメリカ合衆国で使用が始まった大型耕耘機を導入するとともに，それまで放牧地であった丘陵や山地まで耕地化した．そのため20世紀初期までに耕地は降水量の限界といわれている250 mmのところまで拡大され，耕地面積は4倍になった．そのため，牧畜民はより乾燥した南方へと押し出され過放牧が始まった．独立後もこの状況は変わらず，人口の急増につれて耕地を拡大することが強く求められ，さらに大型の耕耘機が導入され，草原が耕地化されたため，激しい風食を受けるようになった．

4) **旧ソ連の乾燥地域** フルチショフ政権が1953年に成立すると1954年から1960年にかけて，黒海北方のロシアから北部カザフスタンを経て西シベリアまでの草原4000万 ha が耕地化され，ソ連の穀物生産量は50％増加した．深く転耕し，またそれまでより早く播種し，収穫期の雪害を避ける．またそれまで行われていた小麦と牧草を1年交代で栽培する休閑農法を，小麦とトウモロコシの連作に変えた．この耕地に負担がかかる耕作方法はより乾燥した地方で，この「処女地開発」のキャンペーンが始まってすぐ問題が発生した．1955〜1960年の間に風食により100万 ha 以上の耕地が打撃を受け，干ばつだった1963年には300万 ha の耕地が荒廃した．その後も風食

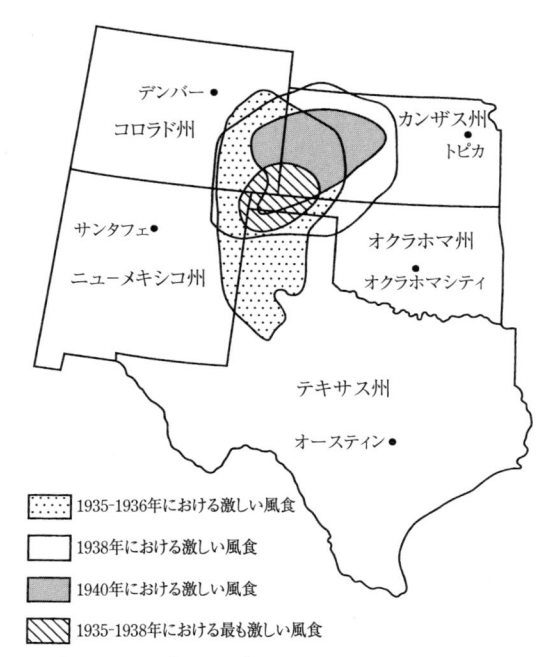

図 2-7-5　1930 年代・1940 年代のダストボウル (Livingstone and Warren, 1996)

凡例：
- 1935-1936年における激しい風食
- 1938年における激しい風食
- 1940年における激しい風食
- 1935-1938年における最も激しい風食

により耕地の劣化がすすんでいる．

5) **アメリカ合衆国のグレートプレーン**　1930 年代の「ダストボウル」と呼ばれる風食はその規模が非常に大きく，現在まで多くの文献に引用されている．ダストボウルは元来風食でできた窪地を意味するが，この風食による侵食・堆積被害を含めた全体の現象に使用されている．ダストボウルの範囲はカンザス州西部，コロラド州南東部，ニューメキシコ州北東部，テキサス州とオクラホマ州の一部であり（図 2-7-5），ダストボウルの中心部 5000 km^2 の耕地のうち 43%が激しい被害を受けた．ダストボウルほど注目されていないが，北方のノースダコタ州，サウスダコタ州などでも激しい風食が発生し，大平原で吹き上げられたダストはニューヨークやボストンに大量に堆積しただけではなく，大西洋上の船上にまで堆積した．

ダストボウルの直接の原因はたびたび発生した干ばつであるが，間接的には 19 世紀後半から行われた乾燥地帯の自然環境をほとんど考慮しない草原

の耕地化である．ダストボウルが発生した小麦栽培地域では，1909年に「拡大農地法」が成立し，320エーカー（130 ha）まで非常に安い金額で連邦政府から土地を入手できるようになったことも，耕地化を拡大させる一因となった．

　ダストボウル後，連邦・州両政府が土壌侵食対策を実行したことと，1940年代は降水量が多い傾向にあったため，風食は下火となった．しかし1970年代に連邦政府が国際収支の赤字を埋めるため穀物輸出政策を取ったため，穀物価格が上昇した．その結果，土壌侵食対策として牧草地となっていた耕地や，耕地条件が悪い傾斜なども耕地化されたため，干ばつが発生すると風食の激化が再現された．1970年以降の風食ではダストに農薬や殺虫剤が大量に含まれているため，ダストが飛来してくる東部ではダストの堆積に加えて農薬や殺虫剤の沈積で深刻な環境問題を引き起こした．

(4) **風食対策**

　風食対策は土壌が運び去られないようにすること，風速を落とすことであるが，そのために次のような方法がとられている．

　1) **農作物による対策**　農作物が栽培されていると，相当に風食を防ぐことができるので，耕地を裸地のままにしておかない方がよい．しかし連続して耕作すると耕地が痩せる．そのため，栽培地と休耕地を風の向きに角度をとって配列する．ただ冬季に寒冷のため耕作ができないところは，この方法は対応できない．農作物の残余物，ワラなどで耕土を被覆したり，刈り株を残すこともこの方法に含まれる．刈り株の丈を高く残すとより効果的である．

　ワラなどで耕土を被覆するマルチングは風食に対して非常に効果的であるが，欠点もある．敷きワラなどがあると害虫が生息しやすいし，雑草も生えやすい．経済的に余裕があり，殺虫剤や除草剤を使用すると効果的であるが，使用の仕方によっては土壌汚染をもたらす恐れがある．

　2) **土壌管理**　土壌管理の方法はどのような耕作方法をとるかにある．耕地を鋤き起こすことは農作物の好都合な苗床ができるし，除草にも役立つ．しかし過度に鋤き起こすと，特に粘着性が弱い土壌は風食を受けやすくなる．そのため，これをできるだけ抑える耕起を行う必要がある．その耕起方法と

しては種子を播く，または苗を植えるところだけを耕起する方法が一般的であるが，最近では耕起せず，刈り株が残っている耕地に穴をあけ，種子や苗を植える方法がとられているところがある．この方法は労働費が安く上がり，土壌構造を保ち，水分の蒸発を防ぐこともできる．

　3)　**障害物による対策**　風食を防ぐ障害物としてはフェンス，生垣，防風林などがある．板を密着させて作成したフェンスなど風を完全に遮断するフェンスの場合，風下側に乱気流が発生する．そのため，このタイプのフェンスは風力を落とす能力は大きいが，乱気流の発生により細粒物質を十分止めることができない．隙間のあるフェンスの方が，風力を止める能力は低いが乱気流が発生しにくいので，かえって細粒物を止めやすい．フェンスを設置する場合，風力，季節により変化する風向，砂の性質，地形などその場所の特性に合わせ，フェンスの高さ，間隔，向きなどを決める必要がある．生垣を使用する場合，高木・低木や牧草を使用するのが一般的であるが，その組み合わせや配置など，フェンスの使用と同様，その場所の自然条件に最も適した方法を検討してから植える必要がある．

(5)　砂丘の移動

1)　砂沙漠の分類

　砂沙漠を形態で分類すると，砂床と砂丘に分けられる．

　1)　**砂床**　砂床は砂の厚さがせいぜい数 m までの起伏がほとんどない砂の平原である（写真 2-7-6）．その規模は数 km^2 から，エジプト・スーダン・リビアにまたがる 10 万 km^2 に達するセリマ沙漠まで多様である．小規模の小さい砂床は，次に説明する砂丘の周辺部や砂海の中に発達している．砂床の砂の移動は非常に緩やかである．成因としては，砂の粒子が大きいこと，地下水位が高い，まばらながら植物が生えていることなどがあげられている．

　2)　**砂丘**　砂丘は起伏のある堆積地形である．砂丘の形態分類は研究者により多少の相違はあるが，おおむねバルハン砂丘（三日月形砂丘；写真 2-7-7），横列砂丘（写真 2-7-8），線状砂丘（写真 2-7-9），星状砂丘（写真 2-7-10）に分けられている．バルハン砂丘は礫沙漠などに散在する三日月状の砂

写真 2-7-6 砂床―アタカマ沙漠のピカオアシス付近

写真 2-7-7 バルハン砂丘―ペルー南部

丘で，両端が角状に風下側にのびている．両側の角の間の距離は一般的には20〜50 m であるが，ときに 100 m を超すものも形成されている．高さは角の間の距離の 10 分の 1 程度である．断面形はほぼ中央部にある稜線を境に風上側は緩やかな凸形，風下側は凹形である．砂の供給量が少なく，風向きがほぼ一定しているところに形成される．風向きがほぼ一定しており，砂の供給量が多くなり，2 つのバルハン砂丘の角が重なり合うようになると，その部分の砂の量が多くなり移動速度が低下する．このようにしてバルハン砂丘が広がると，三日月形は消え，横一線となり横列砂丘となる．横列砂丘の

写真 2-7-8 横列砂丘―カリフォルニア州のデスバレー．手前が風下側，稜線が丸みをもった砂丘もある

幅は500〜2500 m，砂丘と砂丘の間隔は1500〜3500 m 程度である．線状砂丘は，線状にのびる砂丘が一般的には3000 m まで，ときに100 km を超える長さで発達している砂丘であり，断面形が堤防状のものとセイフと呼ばれる頂部が尖っているものがある．成因については定説はないが，風向が季節によって斜向するためとする説がある．星状砂丘はピラミッド砂丘とも呼ばれ，高さがときに400 m にも達する大規模な砂丘である．尖った尾根が4〜5本，ときに8〜10本ものびていることからこの名称がつけられた．砂海と呼ばれる大規模な砂丘地帯に発達していることが多い．

　砂丘の別の分類として，移動砂丘と固定砂丘がある．移動砂丘は風のはたらきを妨げる植物が生えていないため，砂丘砂が跳躍と匍行で移動している砂丘である．砂が動くほど植物が少ない原因は，降水量が少ないことと，人間による砂丘の過剰利用である．固定砂丘は過去（主に更新世末期）の降水量が少なかった時代に移動していた砂丘が，降水量の増加とともに植被が増加し，移動しなくなった砂丘である．サヘル，コンゴからボツワナにかけて，オーストラリア沙漠，内モンゴルには広い範囲にわたって固定砂丘が分布している．

写真 2-7-9a 線状砂丘—オーストラリアのシンプソン沙漠．砂丘の長さは数十 km から 300 km を超すものまである

写真 2-7-9b 線状砂丘—オーストラリアのシンプソン沙漠．左側は砂丘，高さ約 10 m，右側は砂丘間地．砂丘間地の幅は数百 m

2) 砂丘の移動速度

砂沙漠は前述のように数種類に分類されるが，それぞれ移動速度が異なる．砂床は砂の粒子が大きく，砂層の厚さが薄く平坦なため移動速度は非常に遅い．線状砂丘の移動速度についてのデータは非常に少なく，年間 2〜15 m 程度と推定されている．線状砂丘の高さは平均 15 m 程度，幅 150 m 程度であるが，砂丘の間隔が平均約 1000 m と広いため，移動する砂の量は限られ

写真 2-7-10 星状砂丘―カリフォルニア州のデスバレー

ている．星状砂丘は季節により風向が変化することで形成される砂丘のため，尾根の部分は年間 10〜20 m 移動するが，砂丘全体はほとんど移動せず，せいぜい 1〜2 m である．

　最も移動速度が速い砂丘はバルハン砂丘である．移動速度は砂丘の規模と風速に比例する傾向があり，規模が小さく風速が速いほど移動速度が速い．シナイ半島の同一場所で，砂丘の規模と移動距離の関係を調査した結果があるが，この調査によると 1.9 m の高さのバルハンの移動距離が年間 13.1 m，3.0 m の高さで 6.4 m，4.0 m の高さで 6.2 m であった．モーリタニアでは，高さ 3〜17 m で移動距離が 18〜63 m であったとの報告がある．また，非常に速いところでは年間数百 m に達するとの見解もある．横列砂丘はバルハン砂丘と比較して，砂の量が多くなるため移動速度が落ち，高さ 2.5 m で年間の移動距離が 5 m，高さ 35 m で 0.3 m であったとの調査報告がある．

　固定砂丘の植被が過放牧・過耕作で破壊されると，砂の移動が始まる．初期には破壊された箇所から風下に向かって砂が線状にのびるだけであるが，植被の破壊が進むと移動する砂の量が多くなって塊となり，バルハン砂丘へと発達する．移動速度が特に速いバルハン砂丘が，固定砂丘の破壊の進行とともに数・規模を増すと，風下の耕地や集落に大きな被害をもたらす．固定砂丘が移動砂丘になってしまうほど植被が破壊されると，供給される砂の量が莫大になるため，バルハン砂丘から横列砂丘へと変化する．その結果，耕地や集落は面状に被覆され，回復は不可能になる．

■ナイジェリア北東部における固定砂丘の砂の移動

ここでは Thiemeyer (1992) により,ナイジェリア北東部での過放牧・過耕作による固定砂丘の砂の移動について述べる.

自然環境 対象地域はチャド湖の西側に当り,スーダンサバンナの北限に近く位置している(図 2-7-6,写真 2-7-11).年平均降水量は約 500〜650 mm であり(図 2-7-7),7〜9 月の 3 カ月に集中している.植生は各種のアカシヤや灌木,草である.地形は平原であり,バマリッジと呼ばれる低く細長い高まりから西側は主にチャド湖が拡大していたときの更新世堆積層であり,東側は完新世層である.砂丘群はバマリッジの両側に発達しているが,バマリッジが 6500 年前にチャド湖が高水位であったときに形成されたことが明らかになっているので,西側の「ランテワ砂丘群」は更新世末期の乾燥期に,東側の「グデュンバリ砂丘群」は完新世の乾燥期に形成されたと考えられている.

ランテワ砂丘群は北東貿易風で形成された線状砂丘で,北東―南西方向にのびている.緩やかに盛り上がった横断面をしており,高度は約 10 m である.砂丘と砂丘の間隔は 300〜500 m で,長さは数 km になるものもある.グデュンバリ砂丘群は北西―南東方向にのびる短い横列砂丘で,横断面形は低い波状をしている.砂丘列の間は粘土堆積からなる平坦地で植物が密生している.この横列砂丘はチ

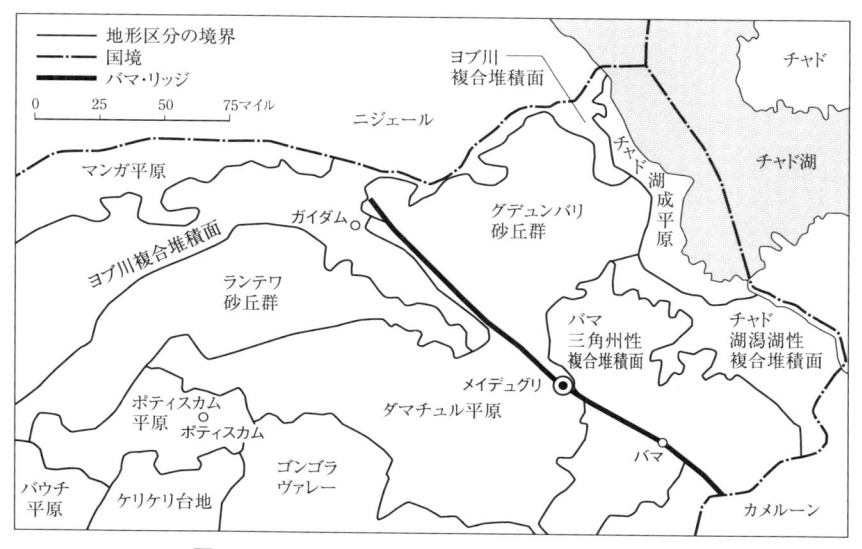

図 2-7-6 調査地域の概要と地形 (Thiemeyer, 1992)

写真 2-7-11 調査地域に隣接するカメルーンのチャド湖岸付近の低い砂丘

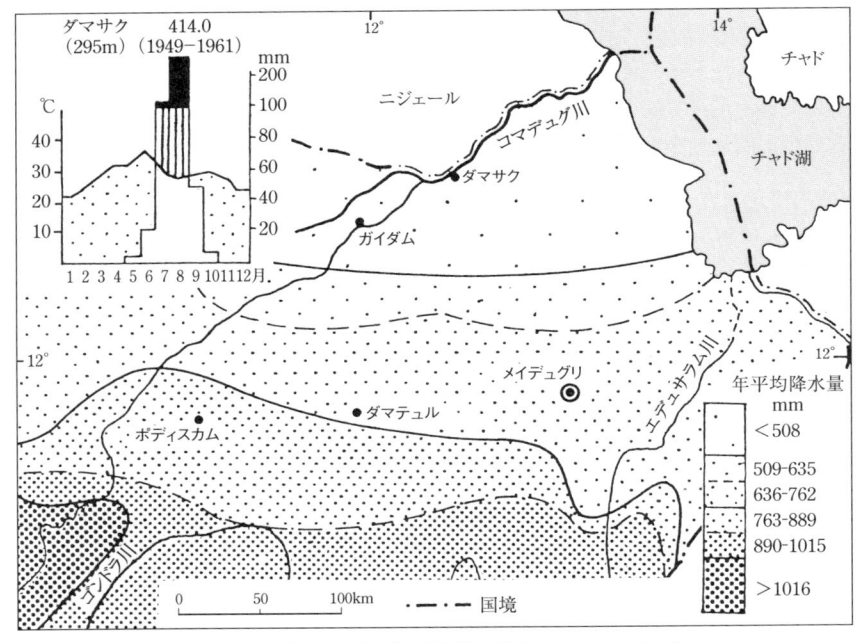

図 2-7-7 調査地域の年平均降水量（Thiemeyer, 1992）

ャド湖の湖岸が後退するにつれて形成されたと推定される．グデュンバリ砂丘群には線状砂丘は発達していない．

　線状砂丘群の表面には砂質土が発達しており，その厚さは場所によって3mを超えることがある．横列砂丘にも砂質土が発達しているが，線状砂丘と比較すると薄い．この砂質土に含まれる粘土・腐植物はともに少ない．線状砂丘には中粒砂が多いのに対して横列砂丘には細粒物が多く含まれている．

　砂の移動状態　衛星写真によると，植生が変化していないところもみられるが，植生が減少したり，裸地になっているところも広くみられる．特に形成時期が新しい横列砂丘のところに裸地が目立つ．地上での調査によると，乾季には常に強い北東貿易風が吹いており，この風が砂丘砂を侵食している．侵食された砂はすべて固定砂丘の南西斜面か固定砂丘を離れて砂丘間低地に新しい砂丘を形成している．砂が運ばれる第一の原因は北東貿易風が強く吹くことであるが，固定砂丘の表面に形成されている砂質土壌の粘結力が弱いこと，草の根が短いことも影響している．

　砂の移動の起因　対象地域の大部分はフラニ族の放牧地であり，一部ではカニュリ族が農耕を行っている．砂丘間の低地の自然に形成された窪地と，人為的に掘られた窪地に雨季に降った水が集められ，牛と山羊の水場になっている．家畜は1日に2回水のみ場に通うが，家畜はほぼ決まったルートを歩くため踏み分け道となる．固定砂丘の表面に形成された砂質土は粘結力が弱いため，踏み分け道

写真2-7-12　カメルーンのチャド湖岸付近の過放牧で植被が破壊された低い砂丘—写真2-7-11の近く

ができると土壌構造が壊され，これがきっかけとなって砂丘砂の移動が始まる（写真2-7-12）．この状況は衛星写真でもはっきり読み取ることができる．干ばつのときには，水不足のため家畜が減少するので，最近深井戸が掘削された．その結果，この深井戸に集まる家畜が新しい踏み分け道を形成するとともに，井戸の周辺の牧草を喰むため，井戸の周辺での裸地化・砂の移動が始まっている．

　農耕も飛砂の原因になっている．農民は収穫を雨季の終わりに行うため，耕地は乾季には裸地になっている．穂先だけを刈る収穫を行った場合，フラニ族が耕地に家畜を入れ，刈り跡放牧を行い（写真2-5-7），家畜にワラを喰せるため耕地が裸出しやすく，この場合も砂が移動しやすくなる．

(6) 移動砂丘対策

　移動砂丘を止めるには，1) 物理的，2) 化学的，3) 植物的の3方法がある．他方，砂が移動する場所は自然的条件により，A) 降水量が少ないために移動している砂沙漠地帯，B) 固定砂丘が過剰な土地利用により移動砂丘となっているところに区分される．A) では，植物的方法すなわち植栽は，地下水位が高いところ以外では灌漑を続ける必要があるため，特別の場所以外では行われない．B) はもともと植物に被覆されていたところであるから，植栽が主に行われ，物理的方法は補助的に行われる．B) ではまず，物理的方法で砂の移動を弱めてから植栽する方法と，物理的方法と植栽を同時に行う方法がケースバイケースで行われている．

　1)　**物理的方法**　この方法には溝，フェンスと障害物がある．溝を掘る方法は，移動砂をほぼ完全に防ぐ必要があるところで施行される．防護する施設の風上側に，砂が跳躍で飛ぶ距離より広い幅，一般的には3～4 mの幅の溝を掘る方法である．溝が砂で埋まると機能しなくなる一時的な方法である．

　フェンスは砂防に有効な方法であり，設置場所の風力，風向，砂粒の大きさなどの自然条件や経済条件などにより，その大きさ，間隙率，形態，材料なども多様である．最も一般的なフェンスは幅10 cm，間隙10 cmの羽根板状のものである．この羽根板には薄い鉄板や木版などが使用される．この羽根板のほかに繊維性のネットも使用されるし，オアシスでは泥壁やナツメヤシの葉を編んだフェンスも使用される．

　障害物による砂防としては，後述する中国での草方格が代表的なものであ

る.

2) **化学的方法** この方法はアスファルト, 合成乳液 (latex), ポリビニール, ナトリウム塩, ゼラチンなどを砂の表面に吹き付ける方法である. この方法はコストが高いので, 産油国など資金が豊かな国や, 鉄道・道路わきなどの限られたところで施工されている.

3) **植物的方法** 砂防する場所の自然条件に最も適した高木・低木・草類を植栽する方法で, 過剰な土地利用で固定砂丘が移動しだした砂丘の固定に広く施工されている. 使用される植物は施工される砂丘にかつて生えていた品種だけでなく, 離れている場所から持ち込まれる品種も多い. 世界的に植栽されている植物にはタマリスク, ユーカリなどがある.

■スーダン, エドデーバ周辺の農村で行われた砂防事業

ここではスーダン政府関係機関がナイル川沿いの農村で実行した砂防事業について, Mohammed Abdel Mahmoud Ibrahim (1997) により説明する. 対象地域はナイル川に沿って細長くのびる農村地帯である.

自然環境と砂・砂丘の移動 対象地域の年平均降水量は 20 mm 以下, 蒸発散位は 6000 mm を超える超乾燥地域である. 10 月から 5 月にかけて吹く北方または北北東方向からの強風が最も多量の砂を運び, 特に 2 月と 3 月に著しい. 移動する砂と砂丘はさまざまな形態をしており, 砂床・線状砂丘・バルハン砂丘が特に目立つ. 移動規模は数 cm の厚さの砂床から高さが 40 m, 長さ数 km に達する連鎖状のバルハン砂丘まで多様であり, 移動速度は年間 25 m に達するものもある.

砂は歴史として語り伝えられるほど以前から移動していたが, 砂の移動が顕著になったのは 40 年程前からで, 樹木の伐採・過放牧・過耕作が始まったことと, アスワンハイダムの建設により, ナイル川の氾濫が防止されるようになってからである (移動砂が氾濫で湛水すると移動が止まる).

砂防事業の概要 この事業は 1985 年に開始されたが, 最初の 3 年間は農民にこの事業の目的を理解させることと苗木の育成にあてられた. 外部から派遣された指導者が村民にこの事業の目的と砂防施工方法を指導したが, その作業には大人だけではなく生徒も参加した. 砂防事業の実行にあたっては農民に賃金が支払われた.

最初の仕事は苗床作りであり, 中心となる大規模な圃場が 2 ヵ所, 中規模圃場

が3カ所，個人用の苗木を育成する小規模な圃場が多数つくられた．

　苗木が植林可能になった1988年からシェルターの構築が始められた．シェルターは，「外側シェルター」，「内側シェルター」，「農地防護」の3種類が，1988～1991年と1992～1995年の2期に分けて築造された．

　1) **外側シェルター**　外側シェルターが構築された場所は，砂丘群と散在する集落の外側であり，目的は集落が砂で埋められるのと，耕地へ砂が侵入することを防ぐためであった．この場所は塩類が堆積し，基盤が露出し，砂嵐が吹く自然条件の厳しいところであった．構築場所はすべて公有地であり，主な制約は水源がなかったことである．プロジェクト側職員と受益者である農民と地主はこの制約を克服するためそれぞれ何を提供するか綿密に打ち合わせた．その結果，第1期目にはプロジェクト側が井戸を掘り，深いボーリングを掘削してポンプとその付属品を用意し，受益者側が植樹・灌漑用水路のクリーニングに従事することが決まった．第2期目には受益者側が井戸を掘り，プロジェクト側がポンプを提供した．外側シェルターは，根を深くのばし乾燥に強い植物メスキートを植樹し防風林を構造する方法をとったが，メスキートが根付くまで灌漑し，物理的フェンスを設置する必要があった．灌漑は井戸やポンプから用水路を通して行ったが，用水路を埋める砂を排除するのに労力がかかりすぎたため，第2期からは用水路ではなくホースを使用することにした．メスキートの根が深さ9～15mの地下水に達するまで2～3年かかったが，この間ナツメヤシの葉でつくったフェンスは毎年つくり変える必要があった．

　2) **内側シェルター**　内側シェルターは移動砂丘が肥沃な農地に近接するところに設置され，多くの農民が参加した．農民は移動砂丘から農地を守ることを切

表 2-7-6　スーダンのエドデーバ周辺の農村で行われた砂防プロジェクトの成果 (Mohammad Abdel Mahmoud Ibrahim, 1997)

1988-1991年での成果 事業内容	計画	成果	コメント
内側シェルター	24 km	26.545 km	多くの農民が参加
外側シェルター	8 km	6.10 km	参加した農民は少数
農地防護	14.5 km	13.998 km	好評であった
1992-1995年での成果 事業内容	計画	成果	コメント
内側シェルター	14 km	8.186 km	7 kmが1994年の洪水で破壊された
外側シェルター	6 km	5.82 km	農民の参集が少ないことが予想された
農地防護	16.5 km	12.11 km	目標は非常に高かったが，関心が高く多くの農民が参加した

望していたので，最初の設置で効果が高いことが判明すると，各自の農地を守るために参加したのである．給水には農民の自家用井戸とプロジェクトの四輪駆動の給水車が使用された．

3) **農地防護** 農地防護は沙漠の裸地を新しく耕地化する作業で，農地にメスキートのシェルターを2〜3列配置し，防風にはユーカリとルーシネアが使用された．プロジェクトの成果を表2-7-6に示す．

■中国における再移動砂丘の固定

中国の砂丘の大部分はシンチャンウイグル自治区内とモンゴル自治区に分布する．移動砂丘と固定・半固定砂丘の割合には地域差があり，北西部乾燥地帯でそれぞれ85％と15％，毛烏素沙漠（ムウス）周辺の中部乾燥草原地帯ではそれぞれが10％と90％である（真木，1996）．この固定・半固定砂丘は人為により歴史時代から再移動していたが，1950年代中頃から顕著になってきた．その素因として人口の急増が指摘できる（表2-7-7）．中国の沙漠化対策では，再移動砂丘の固定が大きな割合を占め，さまざまな方法がとられているが，植栽法と草方格が代表的な方法である．この2つの方法を筆者自身の調査と小橋・奥村（1989），邱ほか（2001）などにより説明する．

植栽法 中国の再移動砂丘の大部分は連鎖するバルハン砂丘か横列砂丘であるから，このタイプの砂丘の固定方法を説明する．このタイプの砂丘は風上側が凸

表2-7-7 内モンゴル自治区とシンチャンウイグル自治区の人口増加（柴　彦威氏の私信）

内モンゴル自治区 時期	総人口（万人）	漢民族人口（万人）
1947年	561.7	469.6
1957年	936.0	811.2
1965年	1296.4	1129.4
1987年	2066.4	1706.9
1997年	2325.7	1836.8
シンチャンウイグル自治区 時期	総人口（万人）	漢民族人口（万人）
1978年	1233.0	512.9
1988年	1426.4	549.0
1998年	1747.4	674.1

形，風下側が凹形をした波状の砂丘列である．砂は風上側斜面を運び上げられ，稜線に達するとすべり落ちる．そのため，風上側斜面は比較的固まっているが，風下側はルーズである．砂丘の先端部に沙柳などの低木を，砂丘間の低地にポプラなどの高木を挿し木する．挿し木は雨季である夏にすると根付きやすいし，人間が給水する場合も多い．先端部は砂が薄いために，根が水分を含む土壌にまで達して根付き，その部分の砂の移動を止める．挿し木をされていない頂部の砂は，特に冬から春にかけて強く吹く風で運ばれるが，先端部の砂が移動しないため，砂丘間低地に堆積する．高木は3m程度の高い挿し木のため，防風林の役割を果たす．頂部が砂の移動で低下してくるのに合わせて低木の挿し木の範囲を広げ，砂が止まったところには草本を播種し，数年かけて砂丘を固定する．砂丘が十分に安定すると，農業が可能なほど降水量があるところや，河西回廊のように外部から水を引くことができるところでは，防風林とする一部の高木を残し，ブルドーザーで砂丘を平坦にし耕地化する．砂防工事を始めてから耕地として利用できるまでの期間は，臨沢(リンツォー)では8〜10年ほどである（写真2-7-13, 14, 15）．

草方格 草方格はムギ・イネ・ヨシなどのワラをスコップで高さが20 cm程度になるように格子状に突き刺し，砂丘面の風速を落とし，砂の移動を止める物理的砂防方法である．1m間隔で平行にワラを砂丘面に突き刺し，さらにこれに直交に同じ作業を繰り返すと正方形のワラの格子ができる（写真2-7-16, 17, 18）．ワラの間隔はさまざまな幅で実験した結果，1mより広いと方格内の砂が移動するため，経済的にも一番有効な1m間隔が一般化してきた．砂は止まるがシルト・粒土などの細粒物質は移動して，方格の中に堆積する．また草類が根付くほ

写真 2-7-13 砂丘間地に栽植された横列砂丘—河西回廊の臨沢

写真 2-7-14 固定化された横列砂丘—写真 2-7-13 の近く

写真 2-7-15 固定化された砂丘を平坦化してつくられた耕地—移動していた砂丘を固定して耕地化するまでの期間は約 10 年．写真 2-7-13 の近く

ど水分のあるところでは，方格の中に草本類の種子を播種する．草本類が根付くとクラストも形成されやすく，ワラが腐植して肥料分となり，1 回の施工で砂丘は固定されるが，より乾燥したところでは施工を繰り返す必要がある．

写真 2-7-16　草方格の工事中—黄河沿いの沙波頭

写真 2-7-17　草方格に囲まれ根付いた耐乾植物—黄河沿いの沙波頭

　この草方格の技術は，包頭(パオトウ)〜蘭州(ランチョウ)間を走る鉄道を埋める北からの自由移動砂丘を止めるために，中国科学院蘭州沙漠研究所沙波頭沙漠科学研究站で1957年に開発されたもので，現在はタクラマカン横断道路など，自由移動砂丘地帯の道路や鉄道保護に施行されるとともに再移動砂丘の固定にも施行されている．

写真 2-7-18 完成した草方格―黄河沿いの沙波頭

8　塩害

　広い意味での塩害は，乾燥農業が行われているところでもみられる現象であるが，ここではその影響が大きい灌漑農地だけを対象とする．

　塩害は超乾燥地域のオアシスでも発生しているが，1992年の地球サミットで決められた定義によると，超乾燥地域では沙漠化は生じないことになっている．そのため，この定義に従うとエジプトのナイル川沿いをはじめ，超乾燥地域でのオアシスの土地劣化は沙漠化ではないことになる．この定義がどのような議論の結果決められたか詳しいことは明らかではないが，かつて超乾燥地域のオアシスの沙漠化についてシンポジウムが開催されたり (Meckelein, 1980)，Dregne (1983) は超乾燥地域を沙漠化地域に含めているので，これらのことも踏まえて，ここでは超乾燥地域のオアシスの塩害も沙漠化に含めて説明する．

(1)　塩類が農作物の生育を妨げる原因

　主な原因としては次のような要因があげられる．

　1)　農作物の根が張っているところの土壌に含まれる塩類の濃度が高くなると，農作物の根の中に含まれる水の浸透圧より土壌中の浸透圧の方が高くなり，根が水を吸収する力が抑制され，その結果水不足による生理的障害を起こす．

　2)　農作物が塩分の高い水を吸収し塩分が体内に集積すると，光合成による産物の移動が妨げられたり，細胞内への糖の取り込みが異常になったり，核酸物質の生成を低下させたりする．

　3)　耕地が塩類を多く含むようになると，水分を含んだとき粘着性が高くなり，反対に乾燥すると硬く結合する．どちらの状態も空気と水を通しにくくなり，農作物は生育障害をおこす．

(2) 乾燥地帯の土壌に塩類が多く含まれている原因

　塩類の起源は岩石にある．ほとんどの堆積岩は海底堆積物が固化したものであるから，どの堆積岩も多かれ少なかれ塩類が含まれている．これらの岩石が風化されると，塩類は地表に現れ，雨水によって低所へ運ばれる．湿潤気候のところでは，雨水は最終的には河川となって海へ流入するので，塩類も海へ運ばれる．ところが，乾燥地帯では内陸地域が占める面積が広いため，風化作用で地表に現れた塩類は次第に低所へ運ばれ，内陸盆地や谷間に運ばれると，水に溶けた塩類は土壌中に浸透し，水分は蒸発するため，乾燥地の土壌には塩類が含まれるようになる．

(3) 乾燥地帯で得られる水

　1) **被圧地下水**　主に頁岩などの不透水層にはさまれた砂岩層に含まれる地下水である．サハラ沙漠やオーストラリア大陸などの安定陸塊では，広範囲にわたって地層が乱されずに堆積している．滞水層である砂岩層の一部が地上に露出していると，そこから雨水が砂岩層の砂と砂の間隙に緩やかな速度で浸透する．この砂岩には多かれ少なかれ塩類が含有されているため，透水がこの間隙を移動する間に，塩類を含んだ水となる．この地下水は不透水層にはさまれているため，大気の圧力以上の圧力が加わっており，動水勾配面より低いところで大気に接すると自噴する（図 2-8-1，写真 2-8-1）．サハラ沙漠では灌漑に使用できる被圧地下水があるが，オーストラリア大陸の被圧地下水は塩分濃度が高く，家畜の飲用水にはなるが灌漑用水としては使用

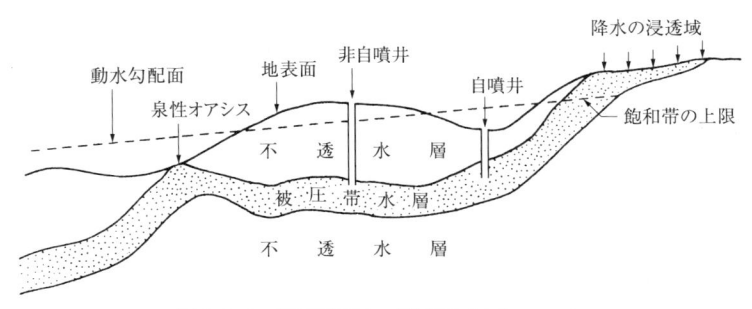

図 2-8-1　被圧地下水の断面形 (赤木，1990)

写真 2-8-1　自噴する被圧地下水—エジプトのバハリアオアシス

表 2-8-1　塩分濃度による水の利用限界 (赤木, 1990)

利用形態	塩分濃度 (ppm TDS)
海水	35 000
人間の飲用水の最高限界	3 000
人間の通常の飲用水	500〜750 以下
沙漠の家畜の飲用水	15 000 以下，最大 25 000 以下
灌漑用水 (土壌と排水が適正な場合)	
塩害なし	750 以下
敏感な農作物に障害	750〜1 500
多くの農作物に障害	1 500〜3 500
耐塩農作物のみ生育可能	3 500〜6 500
耐塩農作物も減収	6 500〜8 000

できない (表 2-8-1)．

2)　**自由 (不圧) 地下水**　断層運動や褶曲運動で形成された盆地を埋める未固結の砂礫層に，周辺の山地から流入・浸透した水である．この滞水層は大気と接しているため，大気の圧力以上の圧力は加わっておらず，自噴しない．アメリカ合衆国の南西部は，大量の自由地下水が存在している地域である．自由地下水には塩類はほとんど含まれていない (写真 2-8-2)．

3)　**外来河川**　外来河川は源流により 2 つに分類される．1 つは高度差が

写真 2-8-2　自由地下水による灌漑—アリゾナ州南部

写真 2-8-3　アンデスに源流部をもつ外来河川—ペルー南部

大きくない周辺の湿潤地域から流入する河川であり，ナイル川はその代表的なものである．地理学的には，乾燥地帯を横切って海に流入する河川に使用し，乾燥地帯で消失する河川には「尻無川」を使用している．2つめは乾燥地帯を囲む高地の地形性降雨に由来する河川である．シルクロードの結節点となったホータンやカシュの成立を可能にした河川がよく知られている．ほ

とんどの河川が尻無川となっているが，ペルー沙漠では，沙漠の幅が狭いため，アンデスに水源をもつ50数本の河川が雨季には太平洋へ流入している（写真2-8-3）．

(4) 乾燥地帯で塩害が発生しやすい原因

灌漑耕作が行われている地形の多くは，土壌が堆積した平坦地である．湿潤地域では地殻運動で盆地が形成されると，土砂によって埋められると同時に，流入した水が一番低いところから溢れ，下刻侵食によって排水場所が形成されるので，カルデラなどの急激に盆地が形成されたところ以外，湿地化することはない．ところが乾燥地帯では，流入した水が溢れ出る前に蒸発してしまうため，基盤が盆状のまま堆積平野が形成される．このようなところで灌漑耕作が行われると，地下水位が上昇する．日本の水田のように，根群域土壌のすぐ下方に不透水層があれば，農作物が必要とするだけの水を灌漑すればよい．しかし，約10日間の間隔で，畦に囲まれた畑に水を入れる貯留式灌漑（basin irrigation；写真2-8-4）が一般的な乾燥地帯では，農作物が枯れないように灌漑するには農作物が吸収する以上の水量を入れる必要がある．農作物に吸収されなかった水は透下し，次第に地下水位が上昇してく

写真 2-8-4　貯留式灌漑―カメルーン北部

写真 2-8-5 被圧地下水灌漑による塩害—エジプトのバハリアオアシス．土壌と被圧地下水の両方に塩類が含まれているので塩害が発生しやすい

る．

　地下水位が上昇してきて，粘土質土壌のところでは深度 1.5〜2 m，砂質土壌のところで 0.6〜0.8 m に達すると，毛管現象により水分が地表まで上昇して蒸発するので，塩類が地表や地表近くの土壌に集積してくる．この集積塩類の量が増加すると，最初に説明した原因により農耕が不可能となる．この上昇水分が蒸発量より多い場合，耕地に塩分濃度の高い水が貯留するようになるが，この現象がウォーターロッギング（waterlogging）である．乾燥地帯の自由地下水・外来河川も，塩類を含んだ地表を流れてきているので，湿潤地帯の水より多量の塩類を含んでいるが，被圧地下水ははるかに多量の塩類を含んでいるので，被圧地下水を使用した灌漑農地では短期間で塩害が発生しやすい（写真 2-8-5）．

(5) 塩害を受けた灌漑耕地の面積

　UNEP（1991）によると，乾燥地帯の灌漑耕地と塩害を受けている面積は表 2-8-2 のように，それぞれ約 1 億 4500 万 ha と 4300 万 ha であるが，UNEP（2002）によると，世界全体の灌漑耕地 2 億 5500 万 ha のうち，塩害

表 2-8-2 乾燥地帯の灌漑耕地と塩害を受けている面積(単位 1000 ha)(UNEP, 1991)

大陸名	全灌漑農地	砂漠化の影響を受けている土地					沙漠化率
		影響なし〜軽微	激しくない	激しい	非常に激しい	激しくない以上の面積	
アフリカ	10 424	8 522	1 779	122	1	1 902	18
アジア	92 021	60 208	24 335	5 788	1 690	31 813	35
オーストラリア	1 870	1 620	100	130	20	250	13
ヨーロッパ	11 898	9 993	1 340	460	105	1 905	16
北アメリカ	20 867	15 007	4 930	730	200	5 860	28
南アメリカ	8 415	6 998	1 047	310	60	1 417	17
計	145 495	102 348	33 631	7 540	2 076	43 147	30

表 2-8-3 インダス平原のウォーターロッギング・塩害状況

	1976-1977				1981			
	パンジャブ州		シンド州		パンジャブ州		シンド州	
	万ヘクタール	総耕地中の%	万ヘクタール	総耕地中の%	万ヘクタール	総耕地中の%	万ヘクタール	総耕地中の%
湛水害								
被害の大きい地域(水位 1.5 m 以内)	58	6	71	11	99.6	10	106.1	18
被害中程度の地域(水位 1.5〜3 m)	243	25	228	38	318.8	32	340.5	58
計	301	31	299	49	418.4	42	446.6	76
塩 害								
被害の大きい地域	62	7	270	50	29.9	29	97.4	18
被害の軽微ないし中程度の地域	182	19	255	48	109.7	11	162.3	30
計	244	26	525	98	139.6	40	259.7	48

1976-1977 は小林(1979),1981 は Sabadell(1988)による。データの出所機関は異なる。

を受けている灌漑耕地は 1 億 500 万〜1 億 1000 万 ha,そのうち非常に激しい塩害を受けている耕地は 2500〜3000 万 ha である。1800 年の灌漑耕地面積は 800 万 ha,1900 年に 4800 万 ha,1950 年に約 1 億 ha,1980 年に約 2 億 ha に増加しているが(Rhoades, 1990),この増加した耕地は大部分乾燥地帯で開発されているので(UNEP, 1992),1990 年から 2000 年にかけて開発された灌漑耕地,塩害化した耕地の大部分は乾燥地帯であったと推定される。

大規模な塩害は大規模河川流域で発生している。その 2,3 の例をあげると,イラクのティグリス・ユーフラテス川流域は非常に低平な地形であり,地下水が地表から 4 m 程度まで上昇すると塩害が現れる。そのため灌漑耕

地の64%に当る850万 ha が塩害を受け，そのうち20〜30%の耕地が放棄されている（Abul Gasim Seif El din and Mustafa Babiker, 1998）。平原の大部分がインダス川流域のパンジャブ州とシンド州にあるパキスタンでは，インダス川に堰を築き，この平野を耕地化してきたが，1960年代後半から建設されたダムにより灌漑耕地が急速に開発された。しかし灌漑設備と比較して排水設備が十分でなかったため，大規模な塩害とウォーターロッギング害が発生した。データは少し古いが，その規模を表2-8-3に示しておく。中央アジアでは1960年代からアム川・シル川の水を使用した灌漑耕地が開発されたが，ここでも塩害がすすみ，カザフスタンでは3570万 ha の33.8%，ウズベキスタンでは450万 ha の35.1%，トルクメニスタンでは120万 ha の83.3%が1990年現在塩害を受けている（Glazovsky, 1997）。

(6) 塩害対策

毛管現象による土壌中の水分の上昇と蒸発が塩害の原因であるから，これを防ぐために，人力で可能な方法から大規模な土木工事が必要な方法まで多様な対策が行われている。

1) **マルチング** 蒸発を防ぐため耕地表面にワラ，枯草などを敷く方法が一般的であるが，中国の甘粛省の黄土地帯では古くから礫を敷きつめたマルチングが行われている（写真2-8-6）。礫のマルチは蒸発を防ぐだけでなく，昼間に温まった礫が夜間の冷却を防ぎ，豪雨のときの水食も防ぐ。栽培方法は，礫を鍬で取り除いて種子や苗を植え，種子の場合芽が出た後，礫を元に戻す。ビニールを使用する場合，土壌温度が高くなりやすいので，熱や多少の水分を放散する資材を使用する必要がある。

2) **空隙材の使用** 毛管現象を遮断するため，根群域土壌の真下にワラ・枯草・小枝・発泡スチロールなどを埋設する方法。この方法は土壌が乾燥しやすいため，その対応を考慮する必要がある。

3) **深耕** 耕土を深く耕すことにより，毛管を切断するとともに，間隙をつくり保水能力を高める。

4) **土壌改良** 石こう・リン酸カルシウム・亜硫酸カルシウムなどを土壌に混入し，アルカリ性を下げる方法。

写真 2-8-6　礫マルチ―蘭州市近郊

　5）　**土壌固化の回避**　重量の大きいトラクターを使用すると，その踏圧で硬い土壌が形成され，この部分が不透水層となり地下水位が高くなるので，荒起しのとき以外はなるべく大型トラクターを使用せず，畝づくりには小型耕耘機を使用するなど，注意して農機具を使用する．
　6）　**植林**　防風林を兼ねて耕地に植樹すると，樹木は深く広く根を張るので，樹種によって差はあるが，相当広い範囲の土壌中水分と地下水を吸い上げ，地下水位を下げる．1列の防風林は1本の排水溝に相当するともいわれている．
　7）　**用水路の改善**　伝統的な灌漑農業地域での用水路は地表を掘っただけの「土水路」（写真2-8-7）と呼ばれる溝であり，畑へ自然流入させるので耕地より高い．そのため，漏水が多量に耕土に浸入し，地下水位上昇の一因となっている．この漏水を防ぐためコンクリート用水路などに改善する．
　8）　**畝間灌漑**　伝統的な灌漑方法はすでに説明したように，貯留式灌漑で農作物が必要とする水量以上に導水され，地下水位の上昇をもたらしている．畝間灌漑は，農作物が必要とする水量にできるだけ近い水量を灌漑する方法として施行されている．耕地を緩勾配に整地し，上下方向に畝をつくり，高い方に畝と直角方向に水路をつくり，この畝間に農作物が必要とするだけの水を灌漑する方法である．末端の農作物に必要な水が到達するためには土壌浸透量，根群土壌層を的確に把握して耕地の勾配を決める必要がある．

写真 2-8-7 土水路―エジプトのバハリアオアシス

9) **スプリンクラー法** スプリンクラーで農作物が必要とする水量を適宜灌漑する方法で，地下水位の上昇を防ぐ灌漑農法である．しかし，高温・低湿度・強風のもとでのこの方法は散水中の蒸発や飛散損失が大きい．そのため，耕地周辺に防風林を植樹したり，灌漑水を斜噴し，風当りを弱めると効率的である（写真2-8-8, 9）．

10) **滴下（点滴）灌漑** 地中または地上に設置されたビニールパイプに取り付けられた点滴ノズルか点滴パイプで農作物の根元に緩やかに短期間，しかし頻繁に点滴状に灌漑する方法である．農作物や果樹の根元にだけ灌漑するので給水損失が少なく，蒸発量が少ないので塩類が集積しにくい．

11) **暗渠の設置** 毛管現象が生じる土壌層の1.5〜2.5mの深さのところに吸水孔のあるパイプ（ビニール製品が多い）を緩勾配で設置し，吸水孔から余分に灌漑した水を流失させる方法であり，日本では湿田の乾田化のために設置されている．吸水口が詰まらないようにフィルターしておかなければいけないが，そのため砂礫や土壌改良剤をパイプの周辺に埋めるなどを行う．

12) **ポンプによる地下水の汲み上げ** 特に説明する必要はないであろう．

写真 2-8-8 自由地下水を利用したスプリンクラー灌漑―ネバダ州中央部

写真 2-8-9 低角度のスプリンクラーによる灌漑―アリゾナ州ユマ付近

アリゾナ州のフェニックス付近で，ヒラ川の水を使用して耕地を開発したときに発生した地下水上昇を解決したのが，ポンプによる大規模汲み上げの最初の例であろう．

13) **リーチング（leaching；塩類洗脱）** 灌漑に必要な水量以上の水を耕地へ入れ，根群域土壌中の塩類を洗脱して，さらに深いところの土壌に移動させる方法である．多量の水を入れるため，方法を間違えるとかえって塩害を大きくする．そのため，蒸発量が少ない冬に行う．スプリンクラーなどを使

用してソフトに灌漑する，連続して灌漑するより間隔をおいてするなどの細心の注意が必要であるが，最も適切な方法は暗渠を設置しておくことである．

　以上さまざまな塩害対策を説明したが，それぞれに問題がある．主な問題点をあげると，1) 採算に合うか，2) 広い耕地に対応できるか，3) ポンプによる汲み上げ・暗渠排水で耕地から出る塩分濃度の高い水の処理などがある．特に 3) の問題は大規模な耕地で行われていることが多いので，大量の塩分濃度の高い水が排水される．この水を集めることのできる低地が近くにあれば，そこに集水し，蒸発させればよいが，現実にはそのような土地はあまりなく，多くは河川へ返流されている．その結果，下流になるほど塩分濃度の高い水を灌漑に使用することになる．コロラド川ではアメリカ合衆国内の上流州と下流州との間で，さらにアメリカ合衆国とメキシコの間で，この問題をめぐって長い間論争が続いた．

■エジプト，ブハイラ県における塩害

　ここでは Goossens *et al.* (1994) が調査したブハイラ県で進行している塩害について説明する．対象地域は，アレキサンドリア南東のナイル川デルタに隣接する，県による大規模開発耕地である．

　自然条件　年平均降水量 22 mm，年平均気温 20.8℃である．元の地形は砂丘で，砂丘の頂部を削り，砂丘間を頂部から運んだ砂で埋めて耕地化された．現在の状態は，沖積粘土層の上に風成の砂〜砂質ロームが厚さ 3 m 堆積しているが，元の砂丘地形を反映して起伏のある地形となっており，海抜高度は 3〜15 m である．開発は 1970 年代初期から始められ，灌漑には良質の水が使用されている．灌漑は貯留式で行われている．

　調査方法とその結果　1) 148 カ所で平均根群域に相当する深さ 40 cm の土壌サンプルの採取，2) 土壌・灌漑水・排水の伝導率の計測，3) 酸素含有量が減少する土壌層の深度の計測，4) 1977 年と 1989 年撮影の衛星写真の分析を行った．1) と 2) から，水分が多くペースト状の土壌と排水の電導率に高い相関関係 ($r^2=0.905$) があり，灌漑水と排水の間にも高い相関関係 ($r^2=0.854$) があることが明らかになった．相関関係が高い原因としては，粗い土壌の粒子の表面は可溶性塩類が離れやすい特性があり，また間隙が大きいため可溶性塩類を短時間でリーチングすることがあげられる．塩分濃度の高い水を灌漑すると高い濃度の水が排水

表 2-8-4 新開発耕地の 1977 年と 1989 年のウォーターロッギングと塩害面積 (Goossens et al., 1994)

	ha
1977 年の状況	
1. 湛水化した土壌	139
2. 植物	1262
3. 裸地	4258
4. 沙漠砂	5375
5. 非灌漑果樹園	33
6. 灌漑果樹園	0.5
1989 年の状況	
1. 湛水化した土壌	631
2. 植物	1430
3. 裸地	7909
4. 沙漠砂	741
5. 非灌漑果樹園	72
6. 灌漑果樹園	44

されることは当然の結果である．次にペースト状土壌の電導率と地下水位の関係を確かめるため，この土壌と酸素含有量が減少する深度との関係を調べた結果，深度 40～50 cm のところに急変部があり，これより浅いところでは電導率が急激に大きくなっているが，この急変部は地下水位であることはこれまでの調査結果で明らかになっている．

この地下水位より高いところの土壌は塩分含有量が高くなっているが，この部分が根群域のため塩害が出ているのである．良水を灌漑しているのに塩害がでている原因は，塩分を含んでいる土壌の耕地で地下水位が上昇しやすい貯留灌漑が行われているのに，排水設備が貧弱なことである．

表 2-8-4 は 1977 年と 1989 年の土地利用の面積である．2 枚の衛星写真の分析結果から明らかになった主なことは，1) 1977 年から 1989 年の間に大部分の沙漠地は開発されている．2) かんきつ類の果樹園の拡大率が一番大きい．3) ウォーターロッグ化した土壌の面積がこの間約 4 倍になっている．ウォーターロッグ化した土壌は，主に貯留灌漑が行われている砂漠土壌の開発面積に比例している．

現在の時点では，広大なウォーターロッグ化した土壌地の明確な原因ははっきりしない．にもかかわらず，ウォーターロッギングを引き起こした要因のいくつかは明らかである．第一に，すべてのウォーターロッグ化した土壌はわずかに低くなった土地にある．窪地のために表流水と過剰な排水が集まっている．第 2 に

現地調査の結果，約 3 m の深度のところにしばしば硬く固まった粘土層が存在し，これが不透水層となっており，水が溜まる原因となっている．第 3 に沙漠土壌は塩類を多く含んでおり，灌漑水によりこの塩類が下方へ移動してきている．ウォーターロッグ化している土壌では，表層から不透層まで，土壌全体に塩類が含まれており，このことが排水を妨げている．最後に，ウォーターロッグ化しているところでは，排水溝の管理が欠けている．管理の欠如のため葦が生え，排水の流れを妨げている．そのため，澱んだ塩分濃度の高い排水が周辺に浸透し，地下水位を上昇させている．1977 年から 1989 年にかけてのウォーターロッグ化した土壌面積は年平均で 50 ha または 6.4％であったが，この状態が今後同じ割合ですすむのか，幾何級数的に拡大するのかは，現時点ではデータ不足のため不明である．

第III編
まとめ

(1) 1992年の地球サミットでの沙漠化への対応

1992年，リオデジャネイロで開催された地球サミットで，将来における地球環境の管理と持続的発展のための総合的行動戦略を決めた「アジェンダ21」が採択された．このアジェンダ21の第12章として，アフリカグループの強い要請により，「脆弱な生態系の管理：砂漠化と干ばつに対する対処」が加えられた．1984年と1991年に公表された「沙漠化防止行動計画」の成果報告により，沙漠化の状況が改善されていないことが明らかになったからである．

その原因として，1) 沙漠化対策の優先順位が国内的にも国際的にも低かったこと，2) 必要な資金援助が得られなかったこと，3) 沙漠化対策の計画が社会経済の開発計画のなかに充分に組み込まれなかったこと，4) 地域住民の参加が得られなかったこと，5) 政治的，社会的な原因があるにもかかわらず，技術的な対策のみが重視されたこと，の5つが指摘された．なお，アジェンダ21では沙漠化対策に要する資金は年当り約77億米ドル，うち国際的な援助の必要額は約43億米ドルと見積もられている．

地球サミットで，1994年6月までにアジェンダ21の第12章を具体化する「沙漠化対処条約」を制定することが決定された．この制定を受けて1994年6月に「深刻な干ばつ又は沙漠化に直面している（特にアフリカの国）における沙漠化に対処するための国際連合条約（略称：沙漠化対処条約）」が採択された．この条約は50カ国が批准した後，90日目に発動すると決められ，1996年12月に発効した．ちなみに，日本政府は1998年9月に批准した．1999年末までに150カ国が批准したがアメリカ合衆国は批准していない．

(2) 地球サミット以降10年間の沙漠化状況

UNEPは国連による大規模な環境会議が開催された前年の1984年と1991年に，各大陸・誘因ごとに，沙漠化の現状報告書を刊行してきた(UNEP, 1984, 1991)．しかし，2002年にヨハネスブルグで開催された「持続可能な開発に関する世界サミット（略称：ヨハネスブルグサミット）」に向

けて，沙漠化の現状についての報告書は刊行されず，「Global Environment Outlook 3—past, present and future perspectives（略称：世界環境白書)」が刊行された (UNEP, 2002)．この白書は 1972 年に国連の場で最初に環境問題が議論された「国連人間環境会議（開催地はストックホルム）」からの 30 周年を記念するとともに，ヨハネスブルグサミットに向けて，地球環境の現状，過去 30 年間の推移と今後 30 年間の予想が提示されている．環境問題は土地・森林・大気などの 8 項目に分けられている．世界の地域区分はアフリカ，アジアと太平洋（オーストラリアを含む），ヨーロッパ（シベリアを含む），ラテンアメリカとカリブ海，北アメリカ，西アジア，極地域（シベリア北部を含む）に大区分され，さらにそれぞれの地域が小区分されている．土地の劣化は大区分ごとに説明されているため，過去 10 年間の沙漠化の状況変化をこの著書から読み取ることはできないが，世界的規模の概観と一部の地域では沙漠化の項目があり，ここでの数値が 1991 年 (UNEP, 1991) と比較できる．世界全体の沙漠化の面積は約 36 億 ha，超乾燥地域を除く乾燥地域の面積の約 70%であるが，この数値は UNEP (1991) の 35 億 6217 万 ha，69%と同じ数値である．この数値は UNCCD (2000) からの引用であるが，UNCCD (2000) は 1 ページ半ほどの短い文献であり，大陸ごとの数値は明記されていない．地球環境研究会 (2003) が世界の沙漠化面積を UNEP (1991) から引用していることも参考にすると，UNEP はヨハネスブルグサミットに向けて沙漠化の現況調査をしなかったと推定される．

　1992 年の地球サミットでのアジェンダ 21 と，1994 年の沙漠化対処条約で，沙漠化の影響を受けている発展途上国には，人口の増加や貧困などの原因に対する取り組みを行うことなど，先進国には沙漠化に対処するために充分な資金の援助をすることなどが義務づけられた．しかし 10 年後の現実は，南アフリカを除くサハラ以南の 1998 年における人口増加率は約 5%である．「途上国援助 (ODA) を先進国の国民総生産の 0.7%に引き上げる」ことが盛り込まれたが，10 年後の実状は 0.33%から 0.22%への減少であった．筆者がこの著書を執筆するために参考にした文献の大部分は 1990 年代に公表されたものであるが，その多くは沙漠化が進行する原因を論じていた．高橋 (2002) は，沙漠化を含む多くの環境問題が地球サミット以後悪化の一途をた

どっている，と述べており，うなずける見解である．

(3) 沙漠化対処条約の概要

素因と誘因のそれぞれに対する対策はすでに記述したが，発展途上国での総合的な対策は「沙漠化対処条約」(1994)[注4]に詳しく述べられている．この条約は長文であるので，地球環境研究会 (2003) による要約を引用する．

沙漠化対処条約の概要
目的
　国際的に連帯と協調をすることによって，沙漠化の深刻な影響を受けている国々（特にアフリカの国々）の沙漠化に対処するとともに干ばつの影響を緩和すること

原則
　1) 沙漠化に対処するための計画や実施についての決定に住民や地域社会が参加し，決められた計画によって国や地域社会の行動を促すこと
　2) サヘルなどといった小地域，アジア，アフリカなどといった地域，さらにもっと大きな全世界的なレベルで協力関係をよくすること
　3) 政府，地域社会，非政府組織 (NGO)，土地所有者などの間においても協力的な関係を発展させること
　4) 沙漠化の影響を受けている開発途上の締約国の特別な要望や状況に対し充分考慮すること

一般義務
　締約国が相互に協力しながら
　1) 自然科学的な側面および社会経済的な側面の両方に対する総合的な沙漠化対処の取り組みの方法をとること
　2) 「持続可能な開発」を促進するため沙漠化の影響を受けている開発途上国の状況について各国が注意を払うこと　等

注4)　この条約の仮訳が「沙漠研究」4巻, pp. 39-64 (1994) に掲載されている．

沙漠化の影響を受けている締約国の義務
　1）　沙漠化の対処に政策の中で高い順位をおき，できる限り多くの資源を振り分けること
　2）　沙漠化の根底にある人口の増加や貧困などの原因に対する取り組みを行うこと
　3）　法律，政策または行動計画を制定することによって施策の実施を促進すること　等

先進国の義務
　沙漠化の影響をうけている開発途上国に対して
　1）　沙漠化対処の取り組みや行動計画の作成を積極的に支援すること
　2）　沙漠化に対処する計画を具体化するのに充分な資金援助を行うこと　等

情報の送付
　全ての締約国に対して沙漠化対処行動計画及びその実施についての情報を含む沙漠化対処の取組について，締約国会議に情報を送付すること

条約発効までの暫定的措置に関する決議
　各国ができるだけ早く条約の署名・締結を行うこと　等

アフリカ緊急行動決議
　1）　アフリカ諸国に対しては行動計画を早期に作成し実施すること
　2）　先進国・国際機関・民間部門等が沙漠化の影響を受けているアフリカ諸国に対して資金や技術等の支援をすること　等

(4)　沙漠化に対する今後の対応

　地球サミットで，沙漠化に対する対策を強化することが決定されたが，前述したように，現実にはその後沙漠化は拡大したと筆者は推定している．その根拠の主なものとして，以下のことが指摘される．
　1）　アジェンダ21で改善すべき環境問題に対する世界各国の関心度に変化が起きたことである．地球サミット以降，最も強い関心が持たれた環境問題は地球温暖化であろう．地球温暖化と沙漠化は同じ環境問題でありながら，

表 3-1 日本政府の地球環境保全関係予算―施策対象分野による分類（平成 16 年度版環境白書）

	15 年度予算額	16 年度予算額	対前年度比 増減額（率（%））
地球温暖化対策	837,069	760,631	▲76,438（▲ 9.1%）
オゾン層の破壊対策	480	423	▲57（▲11.9%）
酸性雨対策	3,623	3,280	▲343（▲ 9.5%）
海洋環境の劣化対策	1,777	1,718	▲59（▲ 3.3%）
有害廃棄物の越境移動対策	15	19	4　（26.7%）
森林の減少・劣化対策	798	748	▲50（▲ 6.3%）
生物多様性の減少対策	3,874	3,968	94　（2.4%）
砂漠化対策	595	573	▲22（▲ 3.7%）
開発途上国の環境対策	4,875	4,776	▲99（▲ 2.0%）
国際的に価値の高い環境保護対策	5,404	6,214	810　（15.0%）
上記分類に当てはまらないもの	64,477	51,086	▲13,391（▲20.8%）

・端数処理（四捨五入）の関係で，合計額が一致しないことがある．
・各種特殊法人の独立行政法人への移行等により，平成 16 年度から計上していない予算項目がある．
・平成 16 年度から「内数として地球環境保全関係予算に該当するが，予算額を特定できない」として合計額に算入していないものについては，比較のため，平成 15 年度予算においても同様の処理を行っている．
・上記などの理由により，平成 15 年 1 月 30 日付発表資料中の平成 15 年度予算額と一部数字が異なる場合もある．

その特性は対極的であるともいえる．地球温暖化は地球規模の問題であり，原因を出す者と被害を受ける者は重なるが，両者の関心の持たれかたの程度には相当の差がある．また，対応の仕方によって経済発展に大きな影響を与えるため，先進国と途上国間の対立だけでなく，先進国間にも対立がある．これに対して沙漠化は，地球レベルでは限られた地域の問題であり，原因者と被害者が大きくずれない．地球サミットにおいて，沙漠化は当初あまり関心を持たれなかったが，アフリカグループの強い要望でアジェンダ 21 の対象となった経緯は，この沙漠化の特性を反映している．表 3-1 は日本の関係省庁全体の，地球環境保全に関する全予算額である．対外援助にはさまざまな方法があるし，他の先進国の環境問題に対する負担額には各環境問題ごとに割合の相違もある．しかし，この数値からアジェンダ 21 で援助の対象となった環境問題に対する資金のおおよその割合は推定できるのではなかろうか．

2) 1992年アジェンダ21決定後の沙漠化に関する主な決定は，1996年12月の沙漠化対処条約発効（日本については1998年12月に発効），2002年11月の第1回専門家グループ会合の開催がある．沙漠化は干ばつが発生すると短期間に大きなダメージを与える．この特性を考慮すると，国連はもう少し敏速に行動すべきであったと思われる．

3) 沙漠化の被害が大きい南アフリカ以外のサハラ以南のアフリカで，地球サミット以後エイズ患者が急増していることも，沙漠化対策を遅らせていると推定される．

1) アフリカでの沙漠化に対する今後の対応

ここでは，沙漠化対処条約を批准している日本政府も，その防止に責務があるアフリカにおける沙漠化への対応について，私見を加えながら説明する．

1) **過伐採について**

過伐採への対策としては，植林と薪炭の消費抑制の2つがある．過伐採が行われている地域は半乾燥地域と乾燥亜湿潤地域であるが，前者の場合乾燥度が高いため，規模の大きい薪炭用植林には不適切な地域である．乾燥亜湿潤地域で規模の大きい植林を行う場合，ユーカリなど成長が速くしかも植林する場所に適応する樹種を選ぶこと，搬出に適した場所であるかどうかなど，採算について十分検討したあとに実行する必要がある．第II編第2部4章で述べたように，失敗した植林にはこのことに欠けていた場合が多い．

消費の抑制方法としては，次の3方法がある．

1) 所有者不明の樹木の伐採と不法な伐採の禁止．集落から離れ，利用価値がなかった樹林は所有者が不明なことが多い．このような樹林と管理が不十分な樹林は乱伐の対象になりやすい．国，地方政府，村落共同体がこのような樹林の管理を十分に実行する必要がある．この実行には現実にはさまざまな困難が伴うが，行政の重要な役割である．

2) 農村においては薪が基本的なエネルギー源であるから，現在のところ熱効率のよいかまどに改良することが唯一の方法である．これを外部から援助する場合，各村落での生活様式に柔軟に対応できるNGOが担当することが有効である．菊山(2000)は，マリのグアクル村で使用されている単体の

かまどと2つがセットになっているかまどを写真で紹介している．単体の方のかまどは焚き口が大きく，鍋をのせる部分の後方に大きな隙間がある．他方，セットになっているかまどの方は，側面・上面とも鍋をのせる円形の部分以外は粘土でふさがれており，焚き口も大きくなく，熱効率がよい構造になっている．かつての日本の農村でなら，同じ村に熱効率がよいかまどが導入されるとすぐそちらのかまどにつくりかえることが常識であったが，それができないのが沙漠化が進んでいるアフリカの農村の現実である．Harrison (1987) が紹介しているブルキナファソのかまどは，この両者の中間的性能と推定されるので，外部からの指導者は各地で使用されているさまざまな構造のかまどの性能を比較検討しておくと，効率的な指導ができる．また，かつて日本の山村で使用されていたかまどは，同じ粘土を材料としながら，煙突もセットされており，アフリカのかまどより熱効率が高い．日本から派遣されるNGOなどのメンバーは，かつて日本で使用されていたかまどの築造方法を修得しておくと有効である．

3) 薪炭の最大の消費地は，人口の急増が続く都市である．都市の規模が大きくなるほど，電力・ガスを効率的に供給できるが，供給設備が遅れている最大の原因は資金不足であるから，先進国からの援助対象として検討する必要がある．電力・ガス設備には細々とした点検箇所が多く，この分野の援助は日本人に適している．都市では収入格差が大きいので，改良かまどの普及も大きな役割を担っている．

2) **過放牧について**

沙漠化対処条約はしばしば決定の場に地域住民の参加を定めており，第10条の2-(f)では「非政府組織，地域住民（女性と男性の双方であって，特に，農民，牧畜民，彼らを代表する組織を含む資源利用者）の，国家行動計画についての政策立案，意思決定，実施および見直しへの，地方，国および地域段階での効果的な参加を図ること」と規定している．

第II編第2部5章で紹介したJohnson (1993) の過放牧対策は，沙漠化対処条約を先取りした内容ともいえる．大学院生時代から遊牧民とともに生活し，遊牧民の生活・慣習を熟知しているJohnsonのこの提案は，筆者は適切な対策であると考えている．

3) 過耕作について

過耕作の最大の原因は人口の急増である．これへの対策は耕地の開発と，劣化した耕地の回復・劣化を未然に防止することと，生産力の増加である．

1) **大規模な耕地開発**　大規模な耕地開発は，動力を使用して地下水を揚水したり，近くに常流河川があると用水路を建設することで，耕作が不可能だった土地や移動砂丘を固定しての耕地造成である．多くの資金や高度の土木技術と機械を必要とするため，先進国の援助で行われることが多い．

現在，日本政府が実行している工事としては，セネガルでの「沿岸地域植林計画」がある（平成16年度版環境白書）．2001年から2005年にかけて，沿岸砂丘の移動により沙漠化が進行した西部海岸沿いのニャイ地域において，野菜栽培地の保全による農業生産の安定を図るため，約2000 haの砂丘固定林を造成するもので，供与限度額は10億7400万円である．

大規模工事は完成後に適切なメンテナンスが必要であるが，これが行われないため短期間に機能の低下をもたらした例がみられる．援助国は工事中から現地の人にメンテナンスに必要な技術を習得させる必要がある．

2) **劣化した耕地の回復と劣化防止および増収対策**　沙漠化が進行している地域の耕地はそれぞれの地域の自然・社会条件を反映して多様であるから，土地の劣化防止・回復を援助する場合，それぞれの社会を対象とし，その集団の空間領域の自然・社会条件に適した方法をとることで好結果が得られる．

農用地整備公団（現緑地資源公団）がニジェール川流域の9カ国を対象として，1985年から2000年にかけて行った「沙漠化防止対策基礎調査・実証調査・開発調査」から得られた「沙漠化防止対策技術集」をまとめている．今後の沙漠化対策の参考になるので，その概要を奥平（2002）により紹介する．なお，新保（1995）は乾燥・半乾燥地域での降雨による表面流水を利用する方法を紹介しており，この方法も参考になる．

1) **農地保全**　①ザイ　乾季の間に粟を植栽するところに直径30 cmほどの穴を掘り，堆肥を500 gほど混合して地表面より10 cmほど低く埋め戻し，余った土を表面流水がこの低所に集まるように盛り立てる方法である（表3-2）．一時廃れていた伝統的な耕作技術であるが，1980年代後半に技術改良され復活した．

表3-2 農地保全手法の概要と得失（奥平，2002）

保全技術	ザイ	ストーンライン	等高線畦畔	半月工法	石積工法
工法概略図					
特徴	高収量	材料的制約小	材料運搬なし	材料運搬なし	地形的制約小
地形的制約（要測量）	小	中	大	中	小
表面流出抑制	雨期初期のみ	中	大	中	中
テラス化効果	小	中	大	小	大
工期	短	長	(雨期中要作業)	長	短
耐久性	小	中	中	小	大
栽培効果	高	低	(畦畔周囲のみ)	中	中
適地	被浸食地	傾斜地	傾斜地谷寄り	被浸食地	台地近隣/ガリ地

②ストーンライン 等高線沿いに石を3分の1程度土中に埋める方法．表面流水の流速を落すため，土壌や有機物の流亡を抑制する効果があるが，材料となる石材の採取，運搬が必要なことが短所である．

③等高線畦畔 対象地の土壌を掘り上げて突き固め畦畔を形成する方法である．等高線の簡単な測量が必要であり，また農繁期である雨季に施工する必要があり，住民の参加がしにくいことが難点である．しかし，侵食抑制効果が大きく，長期的には耕地が階段状に平坦化する利点がある．

④半月工法 斜面上方に向かって直径3m程度の半月状に開いた畔を築く工法である．1人で1日に40個程度施行可能であるが，耐久性が低いため，毎年築く必要がある．

⑤石積工法 石を高さ30cm，幅60cm程度の帯状に等高線沿いに積み上げる工法．耐久性があり侵食抑制効果が高く，長期的には上流側に土壌が堆積し，平坦な耕地が形成されるが，大量に石材が得られるところに限られる．

2) 農業 ①ワジの氾濫原での稲作 河川勾配が緩やかで，幅が広いワジにコストを最小限にした堰を築き，稲を栽培する方法である．降雨量の変化

が大きいので，年による収穫量の変化が大きい．そのため，主食としてではなく換金作物として栽培する方がよい．他の農作物より価格が高いため，降雨状況によっては高収入が得られるからである．

②野菜栽培　野菜栽培は換金性の高さによる経済効果や，土壌劣化防止などが期待できる．野菜栽培は氾濫原や低地など集水しやすい場所が適している．技術的に注意しないといけないことは，育苗を特に慎重に行い，適正な栽培管理を行うとともに，土壌を肥沃化することである．

③天水畑作農業　伝統的に行われている刈り跡放牧に加え，労働生産性を向上させるため，牽引農機具と畜力利用による畜耕の導入が有効である．

④果樹栽培　果樹栽培を取り入れた農業は，サヘル諸国で伝統的に行われてきた．換金性の高い果樹を栽培するためには接木などの技術が必要であるから，これらの技術導入が重要である．果樹栽培のための集水にはマイクロキャッチメント（図 3-1）が有効である．

3）　**牧畜**　①飼料の有効利用　マメ科牧草とイネ科牧草の散播による簡易造成，大鎌やレーキ（草掻用具）・木製梱包枠などの使用による野草の乾草調整，刈り跡放牧による穀物茎の活用など．

②家畜個体の生産性の向上　サヘルの飼育家畜は牛の占める割合が大きいので，牛の改良が効果的である．しかし，改良牛は疾病に弱いので予防接種が必要であり，このことを農民に啓蒙する必要がある．

以上に説明した対策は，対象地域の適性に適した技術を選択する能力が指

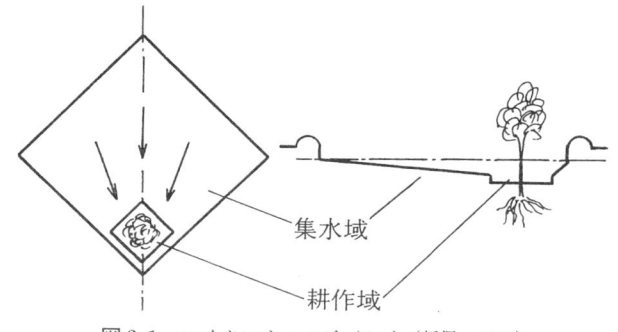

図 3-1　マイクロキャッチメント（新保, 1995）

導者に求められている．

　農用地整備公団が開発したこれらの沙漠化防止技術には，西アフリカを中心とした沙漠化被害国が高い関心を持ち，さらに広範囲に紹介されるとのことであるから，日本政府によってもこの手法での沙漠化対策援助が実行されることを期待する．実行される場合，その作業方法の内容を考慮すると，指導者は作業の対象となる地域の特性に柔軟に対処できるNGOや青年海外協力隊員が適切であると考える．しかし，壽賀（2000）によると，沙漠化防止活動を行っている日本のNGOはおよそ20団体しかなく，活動の場所は中国とアフリカに分かれている．また，その活動内容は植林が中心であり，多くのNGOが日本政府の支援を受けて，アフリカの耕作による沙漠化を防止する活動を実行するまでに至っていない．

2) **GTZ（ドイツ技術協力会社）による沙漠化防止プロジェクト**

　ここでは農村で大規模な沙漠化対策を実行し，今後同様な対策を実行する際に先進事例となるドイツによる援助プロジェクトを，長野ほか（2000）により紹介する．

　GTZはドイツ連邦経済協力省が主に出資している国際技術協力の専門会社である．GTZが沙漠化防止活動を行った地域は，ニジェールの西端に位置する4つの郡で，総面積7万 km^2，2899カ村，人口約100万人にのぼる．GTZによるプロジェクトの特徴は，住民主体の「テロワール管理」を最優先することである．テロワールとは農村の領域，つまり所有や利用が他の共同体に認知されている空間を指す．テロワール管理とは，村民によるこの領域の持続的な管理と生産向上を実現するための組織化，社会経済条件の改善，天然資源の管理，技術導入などの行動の総称である．

　GTZによるプロジェクトは，テロワールの管理を最優先するため，啓蒙・教育・住民動員を主な活動としている．このプロジェクトは1986年に始まったが，第1フェーズ（1986-1991年）に各郡の異なる農業生態系3カ所，計12カ所にパイロットファームを設置し，この地域の沙漠化防止に対して必要な技術の検討を行った．その結果，この地域の持続的発展のためには，土壌保全が最優先されることが決まり，第2フェーズ以後は活動を自然

資源管理と土壌保全に特化し，これ以外の活動は他のプロジェクトに移譲した．

第2フェーズ（1991-1995年）に入ると，ドイツ開発銀行の資金提供を受け，GTZの直接雇用職員を増員し，村落指導を直接行う方式に転換した．これにより意思疎通と指導の効率が向上した．また，各郡に設置した事務所を拠点に本格的な普及活動を開始した．その結果，105の村落でプロジェクトを実施し，計8000人の村落リーダーを育成した結果，1998年までに1万5000人に達した．第3フェーズ（1995-1999年）には，それまで村落指導職員が担っていた啓蒙活動やトレーニングを，これらの村落リーダーに担わせるよう方針を転換した．

GTZは村民を中心とした参加型開発プロセスを誘発するため，①村落のテロワール管理計画作成の推進，②農民に受け入れられやすい簡便な新技術の普及，③伝統技術の改善，④住民参加を前提とした援助，⑤整備事業の際の住民や組織責任者の教育，を方針とする．

そして，新しいテロワール管理をスタートさせる時には，①まずGTZの指導員が村落に入り聞き取り調査を行いながら，リーダーとなる人材を発掘し，沙漠化防止の啓蒙活動を行う．②村落リーダー層には，組織化手法・計画立案・計画実施法・経理について，各郡のGTZ事務所において専門的な研修を2～3日かけて行う．そしてこのリーダー層を中心に，村落内にテロワール管理委員会の組織化を進める．

以上の過程によってなされ，各村落から申請されたテロワール管理計画は，年2回開催される県・郡レベルの行政責任者や省庁関係者すべてが出席する全体委員会で審査され，採択がきまる．1998年には10件ほど援助されるプロジェクトに対し，100件ちかくが申請されたという．

GTZによる技術援助は，先に説明したザイや半月工法などの農地保全方法の指導，早生品種の導入などである．

沙漠化防止作業に参加した住民に食料を与える food for work は大干ばつなど食糧事情が厳しいときには食料を保護し，仕事の種類によっては技術も身につくが，この方法が長期に及ぶと，援助に依存する体制になる．そのた

め，ここで説明したような住民が自発的に参加する意志を持つようにする援助方法が有効であることが指摘されているが，筆者も同感である．

引用文献・主要参考文献

赤木祥彦 (1990)『沙漠の自然と生活』, 地人書房.
赤木祥彦 (1997)「沙漠とは何か」―多様に理解される用語とその整理, 地理, **42** (10), 70-79.
赤木祥彦 (1998)『沙漠への招待』, 河出書房.
グリッグ, D. B. (飯沼二郎他訳) (1977)『世界農業の形成過程』, 大明堂.
門村　浩・竹内和彦・大森博雄・田村俊和 (1991)『環境変動と地球砂漠化』, 朝倉書店.
康　峪梅・康　越・新保輝幸 (1998) 中国内モンゴル自治区の環境問題と社会経済政策 ―モリン・ソムにおける人口移動・生産変化・環境悪化―, 高知論叢 (社会科学), 61号, 207-242.
菊山ひじり (2000) 砂漠化に対する女性の取り組み―西アフリカ・マリのNGO活動―, 沙漠研究, **10**, 21-29.
木村康二 (2000)『アメリカ土壌侵食問題の諸相―農業環境問題の社会経済学分析―』, 農業統計協会.
小林英治 (1979)『インダス河の開発―パキスタンの水と農業―』, アジア経済出版会.
小橋澄治・奥村武信 (1989) 乾燥地における砂漠緑化と農業開発 (その5) ―その流砂特性と砂防技術―, 農業土木学会誌, **57**, 143-147.
真木太一 (1996)『中国の沙漠化・緑化と食料危機』, 信山社.
真木太一・中井　信・高畑　滋・北村義信・遠山柾雄 (1993)『砂漠緑化の最前線』, 新日本出版社.
長野宇規・清水直也・三野　徹 (2000) ニジェールにおける住民参加型砂漠防止の現状, 沙漠研究, **10**, 309-320.
南雲不二男 (1995 a) 西アフリカ, ニジェールの固定砂丘地帯における地形・土壌環境と土地荒廃, 地学雑誌, **104**, 239-253.
南雲不二男 (1995 b) ニジェール南西部の固定砂丘における土地利用と栽培システム, 門村浩教授退官出版記念出版事業会編「自然環境論の窓から」, 173-186.
奥平　浩 (2002) サヘル地域砂漠化防止対策技術集について, 農業土木学会誌, **70**, 1005-1008.
応地利明 (1987) 乾燥農業における農業的適応―西アジア, 海外学術調査コロキアム編『乾燥・半乾燥地帯の農業―その伝統と変容―』, 海外学術調査に関する総合調査研究班.
邱　国玉・戸部和夫・清水英幸・大政謙次 (2001) 草方格による砂丘固定技術の理論と応用, 沙漠研究, **11**, 45-52.
ライフ編集部 (奈須紀幸訳) (1973)『沙漠』, タイム・ライフ・ブックス.
ソーハン・ゲレルト (2001) 過放牧発生の社会的背景―イミン・ソムを実例として, 沙漠研究, **11**, 23-34.
新保義剛 (1995) 乾燥農業におけるウォーター・ハーベスティング, 農業土木学会誌, **63**, 1-

6.
壽賀一仁 (2000) 日本の NGO からの視点, 沙漠研究, **10**, 9-15.
高橋一生 (2002) 不安定化する地球社会と持続可能な開発, 科学, **72**, 781-786.
地球環境研究会 (2003)『四訂　地球環境キーワード事典』, 中央法規 (三訂版までの編集は「環境庁地球環境部」であった).
土屋晴男 (1988) 乾燥地の開発事例, 熱帯農研集報, 61 号, 51-61.
土屋　巖編 (1972)『アフリカの気候』, 古今書院.
横田博実・切岩祥和 (1998) 沙漠地域における農業開発と緑化―アラブ首長国連邦の場合―, 沙漠研究, **8**, 1-12.
周　建中・大槻恭一・神近牧男 (1995) 中国内蒙古自治区における牧畜業の変遷, 沙漠研究, **5**, 71-84.

Abul Gasim Seif El din and Mustafa Babiker (1998) Iraq's food security: the sand dune fixation project, *Desertification Contral Bull.*, **33**, 33-37.
Agnew, C. T. (1995) Desertification, drought and development in the Sahel, *in* T. Binns (ed.) People and Environment, 137-149, Wiley.
Agnew, C. T. and E. Anderson (1992) Water resources in the arid realm, Routledge.
Aubréville, A. (1949) Cimats, forets et desertification de l'Afrique tropicale, Societe d'Editions Geographiques Maritimes et Coloniales, Paris.
Barrow, C. T. (1991) Land degradation—development and breakdown of territorial environment, Cambridge University Press.
Beaumont, P. (1989) Environmental management and development in drylands, Routledge.
Berry, L. (1984) Desertification in Sudano-Sahelian region 1977-1984, *Desertification Control Bull.*, **10**, 23-28.
Berry, L. (1988) Desertification in the Sudan-Sahelian zone: the first years since the 1977 Desertification Conference, *in* E. Whitehead *et al.* (eds.) Arid lands—today and tomorrow, 577-582, Westview.
Bhagavan, M. R. (1984) The woodfuel crisis in the SADCC countries, *Ambio*, **13**, 25-27.
Bhushan, L. S. *et al.* (1992) Prospects for rainfed agriculture in gullied and ravine catchments through soil and water conservation practices, *Journal of Arid Environments*, **23**, 433-441.
Bouzid, S. (1996) Land degradation in Tunisia: causes and sustainable solutions, *in* W. D. Swearingen and A. Bebcherifa (eds.) The North African environment at risk, 93-107, Westview.
Brandt, C. J. and B. Thomas (eds. 1996) Mediterranean desertification and land use, Wiley.
Camp, S. L. (1992) Population pressure, poverty and the environment, *Integration*, **32**, 24-27.
Chevalier, A. (1900) Les zones et les provinces botaniques de l'Afrique occidentale franccais, Compts Rendues hebdomadaire des Séances de l'Academie des Sciences,

Paris, **130**, 1205-1208.
Christodoulou, D. (1970) The settlement of nomadic and semi-nomadic people in the Kazakh S. S. R, *Land Reform*, **2**, 55-62.
Cooke, R., A. Warren and A. Goudie (1993) Desert geomorphology, UCL Press.
Darkoh, M. B. K. (1991) Land degradation and resource management in Keniya, *Desertification Control Bull.*, **19**, 61-71.
Darkoh, M. B. K. (1996) Desertification : its human costs, *Forum for Aplied Research and Public Policy*, **11**, 12-17.
Darkoh, M. B. K. (2000) News from UNEP—UNEP and caring for land resources, *Desertification Control Bull.*, **36**, 107-117.
Dean, W., S. Milton and M. Duplessis (1995) Where, why and to what extent have rangelands in the Karoo, South Africa, desertified, *Environmental Monitoring and Asesssment*, **37**, 103-110.
Del Varre, H., N. Elissalde, D. Gagliardini and T. Milovich (1997) Desertification assessment and mapping in the arid and semi-arid regions of Patagonia (Argentina), *Desertification Control Bull.*, **31**, 6-11.
Dhir, R. P. (1995) Problem of desertification in the arid zone of Rajasthan ; a view, *Desertification Control Bull.*, **27**, 45-52.
Downing, T. E., S. Lezberg, C. Williams and L. Berry (1990) Population change and environment in central and easten Keniya, *Environmental conservation*, **17**, 123-132.
Dregne, H. E. (1983) Desertification of arid lands, Harowood Academic Publishers.
Dregne, H., M. Kassas and D. Rozanov (1991) A new assessment of the world status of desertification, *Desertification Conrol Bull.*, **20**, 6-18.
FAO (1981) Map of the fuelwood situation in the developing countries, FAO.
Friedel, M. H. (1997) Discontinuous change in arid woodland and grassland vegetation along gradients of cattle grazing in central Australia, *Journal of Arid Environments*, **37**, 145-164.
Gicheru, P. T. (1996) Water erosion indicaters, *Desertification Control Bull.*, **29**, 23-28.
Glazovsky, N. (1997) An integrated approach to inter-regional cooperation and major activities within the inter-regional programme of action to combat desertification and drought, *Desertification Control Bull.*, **31**, 39-54.
Goossens, R., T. K. Ghabour, T. Ongena and A. Gad (1994) Waterlogging and soil salinity in the newly reclaimed areas of the westen Nile Delta of Egypt, *in* A. C. Millinton and K. Pye (eds.) Environmental Change in Drylands : biogeograhical and geomorphological prespectives, 365-377, Wiley.
Goudie, A. and J. Wilkinson (1977) The warm desert environment, Cambridge University Press.
Goudie, A. (1983) Dust storms in space and time, *Progress of Physical Geography*, **7**, 502-525.
Goudie, A. (ed.) (1990) Techniques for desert reclamation, John Wiley.
Grainger, A. (1990) The threatening desert—controlling desertification, Earthscan Publications.

Grove, A. (1978 a) Africa, Oxford University Press.

Grove, A. T. (1978 b) Geographical introduction to the Sahel, *geographical Journal*, **144**, 407-415.

Halechek, T. and K. Hess, Jr. (1995) Government policy influences on rangeland conditions in United States: a case example, *Environmental Monitoring and Assessment*, **37**, 179-187.

Harrison, P. (1987) A tale of two stoves, *New Scientist*, 28 May, 40-43.

Heathcote, R. L. (1983) The arid lands: their use and abuse, Longman.

Hellden, U. (1991) Desertification—time for an assessment?, *Ambio*, **20**, 372-383.

Hess, Jr. K. and J. Holechek (1995) Policy roots of land degradation in the arid region of the United States: an overview, *Environmental Monitoring and Assessment*, **37**, 123-141.

Johnson, D. L. (1993) Nomadism and desertification in Africa and the Middle East, *GeoJournal*, **31**, 51-66.

Kajoba, G. M. and E. N. Chidumayo (1999) Degradation of forest reserves in Zambia: a case study of Muyama in central Zambia, *Desertification Control Bull.*, **35**, 59-66.

Kgathi, D. L. and P. Zhou (1995) Biofuel use assessment in Africa: implications for greenhouse gas emissions and mitigation strategies, *Environmental Monitoring and Assessment*, **38**, 147-163.

Khogali, M. M. (1991) Famine, desertification and vulnerable populations: The case of Umm Ruwaba District, Kordofan Region, Sudan, *Ambio*, **20**, 204-206.

Lal, R. (1990) Water erosion and conservation: an assessment of water erosion problem and the techniques available for soil conservation, *in* A. Goudie (ed.) Techniques for desert reclamation, 161-198, Wiley.

Lamprey, H. F. (1988) Report on the desert encroachment reconnaissance in northern Sudan: 21 October To November 1975, *Desertification Control Bull.*, **17**, 1-7.

Lanly, J. P. (1982) Tropical Forest Resources, FAO Forestry Paper, 30, FAO.

Larson, W. E., F. T. Pierce and R. H. Dowdy (1983) The theat of soil erosion to long-term crop production, *Science*, **219**, 458-465.

Lindqvist, S. and A. Tengberg (1994) New evidence of desertification from case studies in northern Burkina Faso, *Desertification Control Bull.*, **25**, 54-60.

Livingstone, I. (1991) Livestock mangement and "overgrazing" among pastoralists, *Ambio*, **20**, 80-85.

Livingstone, I. and A. Warren (1996) Aeolian geomorphology: an introduction, Longman.

Lofchie, M. (1987) The decline of African agriculture: an internalist perspective, *in* M. H. Glantz (ed.) Dought and hanger in Africa: denying famine a future, 86-109, Cambridge University Press.

Ludwig, J. and D. Tongway (1995) Desertification in Australia: an eye to grass roots and landscapes, *Environmental Monitoring and Assessment*, **37**, 231-237.

Mabbutt, J. A. (1984) A new global assessment of the states an trends of desertification, *Environmental Conservation*, **11**, 103-113.

Mabbutt, J. A. (1985) Desertification of the world's langelands, *Desertification Control Bull.*, **12**, 1-11.

Mainquet, M. (1991) Desertification—natural background and human mismanagement, Springer-Verlag, Berlin.

Marongwe, D. H. (1997) Stakeholders' participation in the national action programme (NAP) process: options and strategies in various socio-political and geographic conditions, *Desertification Control Bull.*, **30**, 37-45.

McGinnies, W., B. Goldman and P. Paylore (1968) Deserts of the world: an appraisal of research into their physical and biological environments, University Arizona Press.

Mearns, R. (1995) Institution and natural resource management: access to and contral over woodfuel in East Africa, *in* T. Binns (ed.) People an environment in Africa, 103-114, John Wiley.

Meckelein, M. (ed.) (1980) Desertification in extremely arid environments, Stuttgarter Geogaphische Studien, Band 95.

Meigs, P. (1953) World distribution of arid and semi-arid homolimates, *in* UNESCO Arid Zone Res. Series No. 1.

Melamed-Gonzalz, R. an L. Gaission (1987) A directory of NGOs in the forestry sectior, 2nd African action, United Nation.

Mensching, H. (1986) Is the desert spreading?—desertification in the Sahel Zone of Africa, *Applied Geography and Development*, **27**, 7-18.

Middleton, N. T. (1990) Wind erosion and dust-storm control, *in* A. Goudie (ed.) Techniques for desert reclamation, 87-108, John Wiley.

Migongo-Bake, E. (1997) rehabilitation and environmental protection in the Louga Region of northein Senegal—a success story in desertification control, *Desertification Control Bull.*, **31**, 67-72.

Milas, S. (1984) Desert spread and population boom, *Desertification Control Bull.*, **11**, 7-16.

Milton, S. and R. Dean (1995) South African's arid an semiarid rangelands: why are they changing and can they be restored?, *Environmental Monitoring and Assessment*, **37**, 245-264.

Mohammed Abdel Mahmoud Ibrahim (1997) Survival with moving sands: the Northen Province Community Forestry Project Ed Debba-Sudan, *Desertification Control Bull.*, **30**, 65-73.

Pimentel, D. *et al.* (1987) World agriculture and soil erosion: threatens world food production, *Bio Science*, **37**, 277-283.

Pye, K. and H. Tsoar (1987) The mechanics and geological implications of dust transport and deposition in deserts, with particular reference to loess formation and dune sand diagenesis in the northern Negev, Israel, in Frostick and Reid (eds.) 139-156.

Qureshi, M. H. and S. Kuman (1996) Household energy and common lands in rural Haryana, India, *Environmental Conservation*, **23**, 343-350.

Reckers, U. (1994) Learning from the nomads: resource and risk management of nomadic pastral—The East-Pokoto in Keniya, *Desertification Control Bull.*, **24**, 48-53.

Rhoades, J. D. (1990) Soil salinity causes and controls, *in* A. S. Goudie (ed.) Techniques for desert reclamation, 109-134, John Wiley.

Rhodes, S. (1991) Rethinking desertification: what do we know and what have we learned?, *World Development*, **19**, 1137-1143.

Sabadell, J. E. (1988) Desertification in United States and Pakistan: Variation on a theme, *in* E. E. Whitehead (eds.) Arid Lands—today and tomorrow, 621-631, Westview.

Schulte-Bisping, H., M. Bredemeier and F. Beese (1999) Grobal availability of wood and energy supply from fuelwood and charcoal, *Ambio*, **28**, 592-594.

Society for Promotion of Wastelands Development (1990) Dryland management options in westelands development: Jawaja Black, Rajasthan, *in* J. A. Dixon, D. E. Jam and P. B. Sherman (eds.) Dryland management: economic case studies, 186-211, Earthcan publication.

Soussan, J., P. O'Keefe and B. Munslow (1990) Urban fuelwood—challenges and dilemmas, *Energy Policy*, July/August, 572-582.

Stiles, D. (1984) Desertification: a question of linkage, *Desertification Control Bull.*, **11**, 1-6.

Stiles, D. (1995) Desertification is not a myth, *Desertification Control Bull.*, **26**, 29-36.

Sundborg, Å. and A. Rapp (1986) Erosion and sedimentation by water: problems an prospects, *Ambio*, **15**, 215-225.

Sutton, K. and S. Zaimeche (1996) Desertification and degradation of Algeria's environmental resources, *in* W. D. Swearingen and A. Bencherifa (eds.) The North African environment at risk, 73-91, Westview.

Thiemeyer, H. (1992) Desertification in the ancient erg of NE-Nigeria, *Zeit. Geomorphology*, Suppl.-Bd. 91, 197-208.

Thomas, D. S. G. (ed.) (1997) Arid zone geomorphology, Wiley.

Thomas, D. S. G. and N. J. Middleton (1994) Desertification exploding the myth, Wiley.

Tiffen, M. (1995) The impact of the 1991-92 drought on environment and people in Zambia, *in* T. Binns (ed.) People and environment in Africa, 115-127, Wiley.

UNCCD (2000) Fact sheet 2: the cause of desertification, United Nation Secretariat of the Convention to Combat Desertification.

UNEP (1984) General assessment of progress in the implementation of the plan of action to combat desertification 1978-1984, UNEP.

UNEP (1991) Status of desertification and implementation of the United Nations plan of action to combat dasertification.

UNEP (1992) World atlas of desertification, Edward Arnold.

UNEP (2002) Global environment outlook 3: past, present and future perspectives, Earthcan.

UNESCO (1979) Map of the world distribution of arid regions, MAB Technical Notes 7.
UNESCO/FAO (1977) Desertification : its causes and consequences, Pergamon Press.
Verstraete, M. M. (1986) Defening desertification : a review, *Climatic Change*, **9**, 5-18.
Walton, K. (1969) The arid zones, Hutchinson University Library.
Ware, H. (1977) Desertification and population : Sub Saharan Africa, *in* M. Glang (ed.) Desertification, 165-202, Westview.
Watoson, A. (1990) The control of blowing sand and mobile desert dunes, *in* A. Goudie (ed.) Techniques for desert reclamation, 35-85, John Wiley.
Westing, A. (1994) Populaiton, desertificatin and migration, *Environment Conservation*, **21**, 110-114.
Wickens, G. E. (1997) Has the Sahel future ?, *Journal of Arid Environment*, **37**, 649-663.

本書の写真はすべて著者の撮影したものである.

事項索引

アルファベットで始まる単語は最後にまとめた．

ア 行

アカシア・セネガル 61
アジェンダ21 180
アスファルト 157
アフリカ開発銀行 25
アフリカグループ 180,184
アブレージョン (abrasion) 127,139
アメリカ合衆国農務省 134
アラビアゴム 61,114
亜硫酸カルシウム 171
アロヨ (arroyo) 126,129
アワ 113
暗渠の設置 173
安定陸塊 165
生垣 148
石積工法 188
移動砂 156
移動砂丘 15,43,127,150
イネ科牧草 189
ウォーターロッギング (waterlogging)
　　12,17,69,169,171,176
ウォーターロッグ化 176
雨季 105
雨滴 (splash) 侵食 127,128
雨滴の衝撃 134
畝間灌漑 172
ウレソール (uresol) 135
疫病対策 96
塩害 69,164,171
塩性化 20
塩類殻 20
塩類洗脱 174
塩類の起源 165
塩類の集積 12,16,20,32,67
オアシス 11,15,156,164
横列砂丘 148,152,153

落し工法 (drop structure) 136

カ 行

階段畑 136
外来河川 166
夏雨乾燥地帯 53
夏雨地域 113
夏営地 89
過灌漑 ii,126
核酸物質 164
拡大農地法 147
過耕作 ii,113,187
荷重 129
過剰灌漑 56
家畜構成 87
家畜単位 109
家畜の飼育様式 101
家畜の糞 71,74
家畜の水場 63
家畜肥料 62
カッサバ 121
過伐採 ii,71,185
過放牧 ii,67,86,126,186
　　──対策 96,186
かまど 76,186
可溶性塩類 175
ガリ 14,128,136
刈跡放牧 93
カルデラ 168
枯木 71
灌漑耕作地 56
灌漑土壌 20
灌漑農業 32
灌漑用井戸 54
灌漑用水 17,165
乾季 105
乾性植物 12,32

201

乾燥（arid）　3
　——亜湿潤（dry subhumid）　3
　——亜湿潤地域　5
　——気候区分図　3
　——地域　5
　——地帯　2,3
　——地天水農業　113
　——地農業　113
　——農業　113
干ばつ　ii, 11, 32, 34
灌木地（scrubland）　124
飢餓　60, 61
企業的穀物農業　113
企業的牧畜　86, 107
気候変動　i, 11
キビ　113
牛疫　49
休閑期間　55, 114
休閑地　42
休閑農法　13, 55, 61, 113, 135
極乾燥（extremely arid）　3
　——地域　21
空隙材の使用　171
草地（grassland）　124
窪地（hollow）　143
クラスト　118, 130
経済と政治政策の失敗　ii, 57
下刻侵食　168
ケジラ計画　93
ケッペン　2
ゲル　101
降雨依存農業　113
降雨依存農地　29
耕起方法　147
光合成　164
耕作システム　133
更新世　144
降水特性　129
合成乳液（latex）　157
耕地改変工事　138
耕地管理　135
黄土　15
荒漠　ii
広葉草本　20
国際技術協力　190

穀物法　124
穀物輸出政策　147
国連環境計画（UNEP）　i
国連沙漠化会議　i, 10, 50
国連人間環境会議　181
五畜　86
固定砂丘　15, 40, 55, 117, 127, 144, 150, 153
ゴマ　61
小麦　114
　——粉　95
　——栽培地域　125, 147
　——栽培の乾燥限界　124
　——生育期間　125
　——地帯　35
米　95
根群域土壌　168
混合農業　123

サ　行

ザイ　187
再移動砂丘　159
最大土壌侵食量　134
再補充量　70
砂海　150
砂丘　20, 53, 148
　——間低地　160
　——の移動　127
作付様式　134
挿し木　160
砂床　53, 148, 157
サツマイモ　114
砂漠　ii
沙漠　ii, 3, 6, 7
　——的状態　7
沙漠化（desertification）　i
　——神話論争　ii
　——対処条約　180, 182
　——防止行動計画（PACD）　21, 180
サバニゼーション（savanisation）　10
サバンナ　10
沙柳　160
参加型開発　191
酸素含有量　175
シェルター　158
自給作物　58

自給的農業　113
嗜好品　95
持続可能な開発　182
湿潤地帯　33
自噴　165
舎飼い　101
蛇カゴ　136
ジャガン　101
褶曲運動　166
集積塩類　169
自由（不圧）地下水　69,166,169
周年耕作化　93
周氷河地域　142
住民参加　191
商業的穀物農業　122
商的燃料　78
蒸発散位（最大可能蒸発散量）　3,82
商品作物　58,115
植栽法　159
植生変化　42
植被　130
植物群総量（plant biomass）　i
植物群落　20,21
植物生態系　114
植林　76,172,185,190
処女地開発　145
シリア方式　97
尻無川　167
シルクロード　167
シルト　127
塵埃　139
深耕　171
人口過剰　ii,32,45
人口増加率　50,52
人口転換　46
人口動態　45
深耕農法　13
人口の自然的増減　46
人口の社会的増減　46
人口変動　45
侵食速度　128
侵食平原（ペディプレーン）　40
侵食輪廻　137
薪炭　71,74,76,185
浸透圧　16,164

人民公社　67,98
森林（forest）　71
　──ステップ　99
水食　20,115,128
　──対策　133
　──防止対策　134
垂直移動　88
水盤耕地（basin tillage）　135
水平移動　89
ストーブ　76
ストーンライン　188
砂　127
　──嵐　158
　──沙漠　53,127,148
　──の移動　12,15,32,55,153
スプリンクラー　173
生育障害　164
生産請負制　67
政治の腐敗　59
星状砂丘　148
青年海外協力隊　190
セイフ　150
生物エネルギー　73
生物生産性　i
生物生産量　52
生物燃料　74
生理的障害　164
世界環境白書　181
世界の沙漠化分布図　i,18
石こう　171
ゼラチン　157
繊維性のネット　156
線状砂丘　148,153,157
線状（liner）侵食　127,128
壮年期地形　137
草方格　156,160
草本　160
造林　78
ソフォーズ方式　125
疎林（open woodland）　71
ソルガム　38,61

タ　行

耐塩植物　17
耐乾性作物　114

滞水層　16, 165
堆積地形　148
堆積平野　168
多孔質の土壌　135
ダストストーム (dust storm)　12, 15, 125, 139
ダストボウル (dust bowl)　35, 126, 146
多年生植物　132
タマリスク　157
断層運動　166
炭疽病　49
チェチェ蚊　96
チェックダム (check dam)　136
地下水　56, 61
　　　──位　17, 148, 168
地球サミット　i, 2, 10, 27, 180, 183
地形改善事業　139
地形性降雨　9, 106, 167
地政学　116
地表水　56
茶　95
中性植物　13
超乾燥 (hyperarid)　3
　　　──地域　2
跳躍 (saltation)　139, 150
貯留式灌漑 (basin irrigation)　168
通貨の過大評価　59
低価格政策　58
定住牧民　102
ディスク耕耘機　56, 116, 135
定着牧畜　86
滴下（点滴）灌漑　173
デフレーション (deflation)　127, 139
テロワール管理　190
天水農業　54, 113
伝統技術の改善　191
伝統的牧畜　86
天然痘　49
冬雨地域　113
冬営地　89
等高線　135
　　　──畦畔　188
　　　──耕作　123
動水勾配面　165
同族意識　94

トウモロコシ　38, 42, 79, 82
トキュウ　120
屠殺　96
土壌　127, 130
　　　──温度　171
　　　──改良　135, 171
　　　──管理　147
　　　──構造　128, 130
　　　──侵食　12, 23, 32, 67, 114, 130
　　　──特性　141
　　　──の塩性化・アルカリ化　11
　　　──の固化　14, 114
　　　──の浸透力　134
　　　──の粘着性　141
　　　──保護　121
　　　──保全　35, 134, 190
　　　──粒子　128
　　　──粒子保持能力　130
　　　──流出　130
　　　──劣化　20
土水路　172
土地　10
　　　──の劣化　i, ii, 2, 10, 12, 40
トマト　82, 121
トリコモーナス病　96

ナ　行

内陸地域　165
内陸盆地　165
ナツメヤシ　158
ナトリウム塩　157
乳製品　95
布状 (sheet) 侵食　127, 128
農村共同体　77
農地防護　159
農用地整備公団　187

ハ　行

排水設備　171
パイロットファーム　190
耙耕　113
畑作農業　32
春小麦地帯　123
バルハン砂丘　148, 152, 157
パン (pan)　133

半乾燥（semiarid） 3
　――地域 5
半月工法 188
晩壮年期 137
半農半牧畜時代 67
半遊牧民 99
氾濫原 93,137
被圧地下水 16
皮革 95
飛砂 156
備蓄食料 62
ヒマワリ 79,82
氷河 127
表層細粒物 127
表土層 114
表面流失 130
肥沃層 56
ヒヨコ豆 83
ピラミッド砂丘 150
品種改良 96
風食 20,115,139
　――対策 147
フェンス 148,156
深井戸 61,94,96
腐植層 114
部族 94
　――的科学知識 97
不透水層 165,168
浮遊（suspension） 139
プレーリー 122
ブロウアウト（blowout） 143
平均根群域 175
ペースト状 175
ペディメント 130
防風林 148,160
放牧（ホトアイル） 98
放牧許可システム 111
放牧権 95
放牧地 15,96
牧畜 32
　――業の機械化 101
北東貿易風 153
匍行（surface creep） 139,150
保水力 135
ポプラ 160

ポリサリオ独立勢力 94
ポリビニール 157

マ　行

マイクロキャッチメント 189
マメ科牧草 189
マルチ（malch） 135
マルチング 147,171
三日月形砂丘 148
無樹木地帯 76
メスキート 158
綿花 82,114
メンテナンス 187
毛管現象 17,169
盲流 66
モロコシ（ソルガム） 113

ヤ　行

有機物 127,130,142
有効生育期間 123
遊牧民 63
　――の集団意識 62
　――の定着 94
ユーカリ 157
輸出作物 58
ユネスコ 3
羊毛 95
ヨハネスブルグサミット 180

ラ　行

ライ麦 114
落花生 59,61,79,82,115
乱流 128,139
犂耕 113
リーチング（leaching） 21,174
流水管理 136
粒度区分 127
リル 128
輪換作物 123
林業 32
輪作 123,134
リン酸カルシウム 171
リン酸肥料 121
ルーシネア 159
礫沙漠 140,148

礫のマルチ　171
連作　118, 145
老年期　137
ローム層　40

アルファベット

A層（topsoil）　132, 137, 143
B層（subsoil）　133, 137, 143
C層（deep soils）　133
desert　ii
désertification　10
FAO　18
food for work　191
GTZ（ドイツ技術協力会社）　190
Meigs　3
NGO　39, 76, 121, 182, 190
PACD　21, 24
UNCCD　181
UNEP　3, 45, 86, 122, 132, 143, 169, 180
UNSO　25
valley　69
Wentworthの粒度区分　127

地名索引

ア 行

アクーラ山地　129
亜サハラアフリカ　50
アジア　140, 182
アジメール郡　82
アスワンハイダム　157
アダマワ高原　133
アトラス山脈　115
アフガニスタン　94
アフリカ　10, 14, 58, 63, 73, 76, 92, 94, 114, 185
アム川　171
アメリカ合衆国　27, 45, 57, 69, 71, 107, 110, 122, 146, 180
アラビア半島　89
アラル海　16
アリススプリングス　35
アリゾナ州　69, 174
アリビンタ　41
アルジェリア　94, 115
アルゼンチン　129
アレキサンドリア　175
アレッポ　116
アンデス　168
イエーメン　133
イギリス　34, 49, 52, 124
イスラエル　135
イミン・ソム　98
イラク　170
インダス川　71
インド　46, 53, 74, 82, 137
インピリアル平野　69
ヴィクトリア州　35, 124
ウィニペグ　123
ヴェトナム　132
ヴクマ　43
ウズベキスタン　171
内モンゴル　64, 98, 145, 150
ウッタルプラデシュ州　137
ウム・ルアバ地方　60
ウラル山脈　125
エアーズロック　14
エジプト　148, 175
エチオピア　47, 60, 133
エドモントン　123
エニセイ　129
エリトリア　47, 60
オグラ　116
オクラホマ州　146
オーストラリア　14, 27, 29, 45, 57, 71, 107, 111, 124, 150, 165
オデッサ　125
オールシ　42
オルドス　145

カ 行

カザフスタン　63, 171
カジャイアドゥ行政区　91
カシュ　167
ガスコイ盆地　35
河西回廊　160
カナダ　123
　　──プレーリー　123
カバシ沙漠　96
カフュー平原　39
華北平原　113
カメルーン　47, 48, 133
カリフォルニア州　69
カリマンタン島　132
ガンガナガール　55
カンザス州　123, 146
ガンビア　47
北アフリカ　72

旧ソビエト連邦　57,63,145
グアクル村　185
クインズランド州　124
グデュンバリ砂丘　153
グレートプレーン　35,126,146
ケニア　i,47,74,92,104
黄土高原　133
黄土地帯　145
黒海　145
コロ郡　117
コロラド川　69,108
コロラド州　123,146
コロラド台地　69
ゴロンゴロン　41
コロンビア盆地　122
コンゴ　150

サ　行

サウスウェールズ州　35
サウスダコタ州　146
サスカチュワン州　123
サハラ砂漠　47,165
サヘル　10,15,25,35,47,96,144,182
　——・スーダン地域　25
ザンビア　36,78
ジェジラ　116
ジェファラ　116
ジェリム盟　66
シカール　55
シナイ半島　152
ジャイサルマール　53
ジャワジャ行政区　82
ジョドプール　53
シラ・ムリン河　66
シリア　116
シル川　171
シンチャンウイグル自治区　159
シンド州　171
ジンバブエ　75
スーダン　47,60,75,93,96,148,157
　——サバンナ　48,153
スペイン　133
セネガル　35,47,120,187
セリマ沙漠　148
セントルイス　35

ソマリア　47,91

タ　行

タイ　132
大西洋　126,146
タクラマカン　162
タスマニア州　124
ダルエスサラーム　75
タール沙漠　15
タンザニア　75,130
地中海周辺国　57
チボンボ郡　79
チャコ川　129
チャド　47
　——湖　153
中央アジア　45,63,71,74,87,125
中国　15,45,57,62,145,159
中東　72
チュニジア　115
チュル　55
ツーソン　70
ティグリス川　170
ディボ　41
デカン高原　113
テキサス州　122,146
デスバレー　69,150,152
ドドマ地区　130
ドリ　41
トルクメニスタン　171
トンディキボロ村　117
通遼（トンリャオ）市　64

ナ　行

ナイジェリア　47,153
ナイル川　93,157,167
ナイロビ　i,18,21,50
ナガール　53
ニアメイ　35,75,117
西アジア　45,63,74,94
西アフリカ　94,190
ニジェール　47,60,75,91,96,115,117,
　187,190
西オーストラリア州　35,124
西シベリア　125
ニャイ地域　187

208——地名索引

ニヤラ　61
ニューサウスウェールズ州　112,124
ニューメキシコ州　146
ニューヨーク　126,146
ノースダコタ州　123,146
ノボシビルスク　125

ハ　行

包頭（パオトウ）　162
パキスタン　53,171
パタゴニア　107
バニズンボ村　117
バハリアオアシス　166
バマリッジ　153
パミール高原　95
ハルツーム　61,75
バルマール　55
バンクーバー　123
パンジャブ州　171
パンジャブ平原　113
東アフリカ　50
ビカナール　55
ヒラ川　174
ヒンドゥークシ山脈　95
フェニックス　70
ブハイラ県　175
ブラジル　2
フランス　49,52,145
ブルキナファソ　40,47,75
ペインテドデザート　128
ベナン　48
ペルー沙漠　168
ボストン　126,146
ホータン　167
ボツワナ　74,150
ポートスーダン　62
ボルガ川　125
ホルチン左翼　65
ホワイトハイランド　92

マ　行

マグレブ　145
マーコイ　41
マッディヤプラデシュ州　137
マテーバ　116

マラウイ　75
マリ　47,185
マールワール　54
ミシシッピ川　122
南アジア　45,72
南アフリカ　45,57,71,74,110,181
南オーストラリア州　124
毛烏素（ムウス）沙漠　159
ムルシア地方　133
メネグゥ　42
メルタ　54
モザンビーク　75
モスクワ　125
モーリタニア　47,94
モリン・ソム　64
モロッコ　94
モンゴル　6,14,45,71,74,87,91,159
モンタナ州　126

ヤ　行

ヤムナ川　137
ユーフラテス川　116,170
ヨハネスブルグ　180

ラ　行

ラジャスタン州　53,82
蘭州（ランチョウ）　133,162
ランテワ砂丘群　153
リオグランデノルテ川　130
リオデジャネイロ　2,10,18,27
リトルコロラド川　130
リビア　116
リフトバレー　105
臨沢（リンツォー）　160
ルーガ地域　120
ルサカ　39,75
ロシア　34,63
ロッキー山脈　69
ロフトフ　125

ワ，ン

ワイオミング州　126
ワシントン州　122
ンジャメナ　35

著者略歴

赤木 祥彦（あかぎ よしひこ）

1935年　岡山県に生まれる
1958年　広島大学文学部卒業
1960年　広島大学文学修士
1969年　東北大学理学博士
1978年　福岡教育大学教授
1999年　福岡教育大学名誉教授，現在に至る
主要著書　「沙漠の自然と生活」(1990年，地人書房)
　　　　　「理科年表読本 沙漠ガイドブック」(1994年，丸善)
　　　　　「図説 沙漠への招待」(1998年，河出書房新社)

沙漠化とその対策　乾燥地帯の環境問題

2005年1月20日　初　版

［検印廃止］

著　者　赤木祥彦

発行所　財団法人　東京大学出版会

代表者　五味文彦

113-8654 東京都文京区本郷 7-3-1
電話 03-3811-8814　FAX 03-3812-6958
振替 00160-6-59964

印刷所　三美印刷株式会社
製本所　牧製本印刷株式会社

Ⓒ2005 Yoshihiko Akagi
ISBN 4-13-066706-8　Printed in Japan

Ⓡ〈日本複写権センター委託出版物〉
本書の全部または一部を無断で複写複製（コピー）することは，著作権法上での例外を除き，禁じられています．本書からの複写を希望される場合は，日本複写権センター（03-3401-2382）にご連絡ください．

武内和彦
環境時代の構想　　　　　　　4/6判・232頁・2300円

武内和彦
環境創造の思想　　　　　　　Ａ５判・216頁・2400円

武内和彦・鷲谷いずみ・恒川篤史 編
里山の環境学　　　　　　　　Ａ５判・264頁・2800円

石　弘之 編
環境学の技法　　　　　　　　Ａ５判・288頁・3200円

井上　真・酒井秀夫・下村彰男・白石則彦・鈴木雅一
人と森の環境学　　　　　　　Ａ５判・192頁・2000円

貝塚爽平 編
世界の地形　　　　　　　　　Ｂ５判・384頁・7500円

ここに表示された価格は本体価格です．ご購入の
際には消費税が加算されますのでご諒承ください．